《学会据理力争》告诉我们：争辩不是吵架，也不是将自己的想法强加于人，更不是要占上风，而是达成相互理解，实现共赢。

学会据理力争是一门艺术，而且这门艺术是可以学会的。

——刘艳玲，《学会据理力争》导读人，
曾在世界 500 强跨国公司从业二十余年，
现任凯洛格咨询集团（KeyLogic）专家讲师，
从事企业管理培训工作

让我们与刘艳玲老师一起
学会据理力争这门沟通的艺术

扫描二维码，
免费获取精彩导读视频和音频

思考力
丛书

How
to
Argue

**Powerfully,
Persuasively,
Positively**

学会
据理力争

自信得体地表达主张，
为自己争取更多

[英] 乔纳森·赫林（Jonathan Herring）著
戴思琪 译

机械工业出版社
CHINA MACHINE PRESS

Jonathan Herring. How to Argue: Powerfully, Persuasively, Positively.

ISBN 978-0-273-73418-5

Copyright © 2011 by Jonathan Herring.

Simplified Chinese Edition Copyright © 2023 by China Machine Press.

Published by arrangement with Pearson Education Limited. This edition is authorized for sale and distribution in the Chinese mainland (excluding Hong Kong SAR, Macao SAR and Taiwan).

本书中文简体字版由 Pearson Education（培生教育出版集团）授权机械工业出版社仅在中国大陆地区（不包括香港、澳门特别行政区及台湾地区）独家出版发行。

未经出版者书面许可，不得以任何方式抄袭、复制或节录本书中的任何部分。

本书封底贴有 Pearson Education（培生教育出版集团）激光防伪标签，无标签者不得销售。

北京市版权局著作权合同登记　图字：01-2018-0563 号。

图书在版编目（CIP）数据

学会据理力争：自信得体地表达主张，为自己争取更多 /（英）乔纳森·赫林（Jonathan Herring）著；戴思琪译 . —北京：机械工业出版社，2023.11（2025.1 重印）

（思考力丛书）

书名原文：How to Argue: Powerfully, Persuasively, Positive

ISBN 978-7-111-73846-6

Ⅰ. ①学… Ⅱ. ①乔… ②戴… Ⅲ. ①人格心理学 - 通俗读物
Ⅳ. ① B848-49

中国国家版本馆 CIP 数据核字（2023）第 171238 号

机械工业出版社（北京市百万庄大街 22 号　邮政编码 100037）
策划编辑：欧阳智　　　　　　责任编辑：欧阳智
责任校对：韩佳欣　王　延　　责任印制：单爱军
北京联兴盛业印刷股份有限公司印刷
2025 年 1 月第 1 版第 6 次印刷
130mm×185mm · 7.875 印张 · 2 插页 · 150 千字
标准书号：ISBN 978-7-111-73846-6
定价：79.00 元

电话服务　　　　　　　　　网络服务
客服电话：010-88361066　　机　工　官　网：www.cmpbook.com
　　　　　010-88379833　　机　工　官　博：weibo.com/cmp1952
　　　　　010-68326294　　金　书　网：www.golden-book.com
封底无防伪标均为盗版　　机工教育服务网：www.cmpedu.com

你是否讨厌据理力争[⊖]，不惜一切代价想要避免陷入争论？或者你发现自己一直无法赢得争辩？也许即使你赢了，你也总是觉得适得其反？

如果是这样，本书就是为你量身定做的。本书教你学会据理力争，之后你会发现，自己能够以清晰而有效的方式来表达自己的观点。本书也会帮你习得一些技巧，这样你就能有效地回应争辩。

有些人很喜欢辩论，特别是律师和小孩子。然而大多数人都想回避争辩，有时候回避争辩是件好事，但通常这样做会让问题继续存在，并被掩盖起来。人们长期压抑的怨恨会

⊖ argue 一词含义丰富，在本书不同情境中译为据理力争、辩论、争论、争辩、争执、讨论、论证等，读者可自行体会个中含义。——译者注

毒害一段关系，或是让工作场所充满紧张气氛。

在本书中，我们会以一种更为积极的眼光来理解辩论。辩论并不需要大喊大叫，或是将自己的想法强加于人。尽管这些情况时有发生，但一场好的辩论不会让人们冲彼此喊叫、争吵咒骂，或是拳打脚踢。比谁的嗓门更大对双方都没有好处，相反，我们应该把据理力争看作一门艺术或一种技能。

在工作和生活中，冷静地、理性地辩论的能力是一笔真正的财富。它能锻炼思维、检验理论，帮你达成目标。在很多情况下争辩都是避免不了的，因此你需要学习如何据理力争。辩论可以是积极的。朋友之间一场好的辩论会很有趣，而且充满生机。通过辩论，事情得以公开化，这样问题就能够得到解决，而不会让人心生怨愤。有时候为了保护我们的合法权益，有必要展开一场辩论——如果你从未与老板对加薪的问题展开辩论，那你可能永远无法得到加薪！

辩论应该用于更好地理解他人，相互分享想法，找到双赢的方式。对于争辩总是有一些负面评价，这往往是因为人们辩论的效果很差。必须要停止这样的辩论了！

辩论（或者说讨论）不应该是为了赢得胜利，而应该是为了取得进步。

——卡尔·波普尔（Karl Popper）

　　辩论应该能使你更好地理解别人的观点和自己的想法。很多人一辈子都不明白为什么有人信奉宗教，有人支持猎杀狐狸，有人喜欢法国电影……他们之所以不明白这些事情，是因为他们没有和与自己不同的人谈论过这些事情。他们没有提出自己的观点来让他人检验。令人惊奇的是，人们对与自己不同的人有如此多的偏见。一位朋友曾经对我说："前几天我遇到了一个支持英国保守党的人，但他人很好，这真是太不可思议了。"只有通过与和你观点不一致的人沟通，你自己的观点才能变得更清晰，你也能够更欣赏别人的观点。

　　本书分为两个部分。第一部分我称之为据理力争的十大黄金法则。这些法则在很多情境中都很有用：从与老板辩论到与伴侣辩论，或是和你的水管工辩论。即使你的伴侣是水管工，这些法则也同样能起作用！第二部分将着眼于会引发辩论的一些特定情境，将据理力争的黄金法则付诸实践。

[目录]
CONTENTS

PART 1

1

第
一
部
分

据理力争的十大黄金法则

本书将在这一部分为你介绍据理力争的十大黄金法则。这些法则会帮你应对可能遇到的辩论情境。只要你理解了它们，就能很好地向他人展示自己的观点。这些据理力争的黄金法则适用于任何可能发生辩论的场景：在家里，在工作中，在玩耍时，甚至在你洗澡的时候！

第1章

黄金法则一：
为辩论做好准备

为辩论做好准备是成功的关键。有时争论会突如其来，虽然它并不总是如此。有时你能感觉到自己要迎来一场有挑战性的商务会议或谈判，在这种情况下，有所准备能为你赢得优势。

你想要什么

在开始辩论之前，仔细想想你辩论的是什么，你想要的是什么。这可能听起来简单，却是至关重要的。你真正想从这次辩论中得到些什么？你只是希望对方理解你的观点，还是你想要追求实际的结果？如果你期望产生实际的结果，那你要问问自己，你想要的结果是否现实，能否实现。如果它不现实或无法实现，口头争吵就可能会损害你与对方的友好关系。

假设你想要加薪。你已经安排了一次会面，想和你的经理讨论此事。仔细想想这个目标是否现实。公司是否明显在裁员，所有预算都被大幅削减。如果是这样，你获得加薪的可能性几乎为零，这时你强烈要求也没有什么意义。然而，要想获得更高的薪水，你可以做些其他事情吗？你可以申请升职吗？你能参加更多培训吗？你可以为公司做出更多贡献吗？在进入会面房间之前，你要对各个选项思虑周全。最好在明确自己的最终目标之后，再进入辩论情境。

构建你的辩论

在准备辩论观点时，花点时间思考如何运用逻辑来展示你的观点。诚然，不是所有人都喜欢"逻辑"这个词。

逻辑是一门使人们满怀信心地走向错误的艺术。

——约瑟夫·克鲁奇（Joseph Krutch）

人们常常一提到逻辑就感到厌烦。甚至有人怀疑逻辑是某种巧妙的把戏，用来迷惑那些没有受过逻辑"训练"的人。事实上，在逻辑中并没有什么魔力。专业的逻辑学家的确已经制定出非常复杂的规则，但是许多日常中的逻辑并不难理解。

逻辑学家习惯谈论"前提"和"结论"。前提是一个事实，人们以这个事实为基础进行逻辑推理，会产生特定的结论。例如："我喜欢所有的动作片，所以我喜欢詹姆斯·邦德[⊖]（James Bond）的电影。"这里的前提是"我喜欢所有的动

　⊖　英国"007"系列电影的男主角。——译者注

作片"，按逻辑得出的结论是"我喜欢詹姆斯·邦德的电影"。有时候得出一个结论需要好几个前提。在一场复杂的辩论中，一个初始前提可以经由逻辑推导而得出一系列结论。我们来看看这个教科书式的辩论片段：

世界上的罪恶都出于道德缺陷以及智力贫乏（前提）。人类至今尚未找到任何方法来补救道德缺陷……然而智力水平是很容易提高的，每位称职的教育工作者都掌握着一些相关方法。因此，在发现可以传授美德的方式之前，人们不得不通过提高智力水平而非道德水平来寻求进步（结论）。

——伯特兰·罗素（Bertrand Russell）

一场好的辩论，不仅要说出观点，还要展示一系列理由。糟糕的辩论只会让人们来回自说自话。

错误举例

鲍勃："男人不会洗碗，我们天生没有这根筋。"

玛丽："你胡说。"

鲍勃："我没有胡说，男女就是不同。"

玛丽："这是性别歧视。男女没什么不同。"

许多辩论都和这很像。鲍勃和玛丽所做的只是互相复述各自的结论，这样做无法使辩论取得任何进展。他们一直在说自己的想法，而没有说出各自为什么会有那样的想法。如果他们中任何一方能问"现在你为什么这么说"或者"你这样说有什么根据吗",这场辩论就有可能取得一些进展,成为一场有价值的辩论,双方或许也会开始理解对方的思考方式。

如果你想要准备一场令人信服的辩论,你需要从对手认定为真的事实(前提)开始着手,一步步得出结论,这个结论一定要由前提经逻辑推理得出。你要特别注意两件事:

1. 确保事实(前提)为真。
2. 确保结论由事实推导而出。

事实

我们要多聊一聊与"事实"有关的内容。

使用事实

事实无疑是许多讨论和辩论中必不可少的因素。在开始辩论之前,挖掘相关信息是很重要的。当你想要谈论欧洲货币联盟的积极作用时,如果只是读了几篇相关的博客文章,那么在与经济学教授的辩论中你会处于劣势;如果你不知道同事以及其他公司同等职位员工的薪酬水平,你的加薪提议就很难被采纳。一场辩论若是没有事实做基础,就像用冷水去堆雪人一样行不通。

获取事实

除非你为人父母或受人尊敬，否则"因为这是我说的（所以值得信服）"这句话不会一直管用，你需要用事实来支持自己的观点。互联网是大多数人获取信息的首要途径，但我们都知道，必须谨慎使用网络信息。

> **小贴士**
>
> 许多搜索引擎中都有"学术"按钮，引导你浏览学术研究信息。这可能是比博客更为权威的信息来源，虽然你可能会遇到完全看不懂的内容！

仅仅因为某件事众所周知，你就认为它是事实，这样很危险。以下是一些众所周知却并非事实的信息：

- 金鱼的记忆只有几秒。错误——实验发现，金鱼能在复杂的迷宫中游走。
- 托马斯·克拉珀发明了抽水马桶。错误——抽水马桶是由约翰·哈灵顿爵士在 1596 年发明的。
- 剃须会让毛发长得更快。错误——不会，剃须也不会使毛发更为浓密或粗糙。

当然，你也可以从图书馆、报纸、杂志和朋友那里获得信息。确保你的信息来源相对权威。

信息可靠性

信息的可靠性很重要，需要谨慎对待。

- 统计数据的来源很关键。最佳来源可能是你的辩论对手所支持的团体或组织，其次是中立的或声誉良好的组织。比如，在食用过多肉类所带来的危害这个问题上，由一个小型压力团体[⊖]（pressure group）进行的研究，不太可能像世界卫生组织（WHO）的报告那样具有说服力。想一想：这项研究的研究者是谁？这个团体样本是否可能存在偏差？这个团体是一个受人尊敬的机构，还是一个鲜为人知的压力团体？

- 哪种信息来源对你的辩论对手影响最大？如果你和神创论者讨论信仰无神论的科学家的研究，神创论者可能对你所说的所有内容都表示怀疑，而信仰基督教的科学家的研究可能使他们更为信服。他们很容易以"有偏差"为由来否定你所讨论的无神论者的研究。

- 在引用数据来支持论点时，要考虑样本量的大小。研究人员通常要对一些人进行采访或测试，从中产生研究结论。假设我们采访了100个人，问他们是否喜欢马麦酱[⊜]，结果发现有38人喜欢马麦酱，那么我们就知道了有

⊖　又称压力集团，指西方通过经济或其他手段对政府施加压力，从而影响公共政策的利益团体。——译者注

⊜　一种调味酱。——译者注

38% 的人喜欢马麦酱。当然，这并不意味着世界上的每个人都接受了采访，但研究人员假设，既然在这个样本中有 38% 的人喜欢马麦酱，那么它很可能反映了人们的普遍看法。然而，这一假设的关键是样本量的大小。如果你只采访了 2 个人，有 1 个人说喜欢马麦酱，这就不足以证明 50% 的人喜欢马麦酱。你不能假定 2 个人的观点能够代表所有人的观点。一般来说，样本量越大，研究结果越具有可靠性。如果一项研究没有提及样本数量，就值得怀疑了。对于数据，总要持有一种怀疑的态度。

- 另一个数据问题是样本的代表性如何。一定要弄清楚谁参与了研究（采访）。如果你只采访参观马麦酱博物馆的人，那你会毫不意外地发现，大多数人都喜欢马麦酱。特别要注意类似的说法："在拨打我们热线的人中，86% 的人同意……"，联系到压力团体寻求帮助的人可能会与该团体的目标趋向一致，我们不能假定这些人能代表所有人。最理想的研究是大规模的横向抽样调查，这样得出的结果能更好地支持你的辩论。

一项研究发现，在接受调查的吸烟者中，有 70% 的人曾试图戒烟，但没有一个人成功。对于那些试图戒烟的人来说，这听起来是个糟糕的消息。然而，该调查只采访了吸烟者，在他们之中没有戒烟成功者也就不足为奇了！

- 听清表述。要特别小心"达到"的表述。比如，如果辩论对手有一个证据说污染水平达到了35%，这只能说明35%是最高指标，真正的平均数没有被披露，可能远低于35%。同时也要留意那些表明人们"有可能"和"考虑"去做某事的研究。比如，一项调查显示超过50%的人考虑减少航空旅行，这很难说明人们坐飞机的次数真的会减少。

- 留心"不确定"或"不知道"的选项。比如，在一项调查中，人们被问到"你支持英国脱离欧盟吗"，他们可以回答"支持""不支持"或"不确定"。假设15%的人说"支持"，20%的人说"不支持"，65%的人说"不确定"。这时你可以合并其中两个统计数据，即85%的受访者不支持英国脱离欧盟，或者80%的受访者支持英国脱离欧盟。

- 格外留心百分比。有人（随口编造）说喝咖啡会使人患心脏病的风险提高35%，这样的说法很可能会让你直奔最近的酒吧（而远离咖啡）。然而在你这么做之前，你要知道这种数据极具误导性。首先，你要知道喝咖啡会让谁的风险增加，是某一特定年龄段的人，还是易患心脏病的人，抑或是普遍都会？其次，你要了解心脏病发作的初始风险有多高。在乡村散步会使你被小行星击中的风险上升300%，但你可能不会因此而担心，因为被小行星击中的风险本来就不高。因此，如果初始风险非常低，风险的骇人增长就显得无关紧要了。

以上，我们可以总结出两点。第一，如果你需要统计数据的支持，你就要确保这些数据是在可用范围内最优质的：数据来源可靠，样本量大，结论清晰。第二，如果你的辩论对手展示了一些统计数据，你可以问他们一些我们刚才提到的问题，进而解释为什么你的研究远比他们的更有说服力。

解读数据

不要以为数据越多越好。几个恰当的数据可能比一长串数据更有效，一长串数据会让听众昏昏欲睡、头脑混乱。只有最硬核的数据迷才能在一次谈话中消化多个数据。如果有必要，你可以说："我有很多统计数据可以展示，但我先向你解读一下这两个。"

将数据以最佳方式呈现。也许你的辩论对手很熟悉这些数据，但一般人都认为统计数据难以理解，你最好尽可能以个性化的方式呈现它们。比如，与其说"25% 的女性在人生的某个阶段会遭受家庭暴力"，不如说"在 20 个女人中，5 个可能经历过家庭暴力"，这样的传达可能更为有效。这不仅让数据更易于理解，还能让它产生更大的影响。

> **小贴士**
>
> 　　如果你的数据是关于钱的，你想要说明某样东西有多昂贵，那你可以把它与个人联系起来。比如："如果我们把选购会议接待区家具的费用分给参加会议的人，我们就都有经费去佛罗里达度假两周了。"

　　一个易发而常见的错误是对事情概而论之："人人都知道……""所有非法移民……"这种概括性的说法很容易遭到反驳，用一个反例就能证明它是错的。我们要避免概而论之、泛泛而谈。

　　避免使用所有概括性的说法——除了这句话！

展示你的辩论

　　做好辩论准备的关键不仅在于罗列好事实和理由，你还要思考如何展示它。当然，这在一定程度上取决于辩论情境——会议、谈话还是演讲，但基本原则是相同的。

明确你的辩论目的和原因

　　开门见山地说出你的辩论目的和原因是可取的做法。可考虑借鉴以下这段辩论的开头：

"公司应该采纳购买新街 3 号大楼的提议。我将阐述三个原因。第一，这样做会产生可观的利润。第二，公司确实有扩充场地的需求。第三，这将提升公司的公众形象。"

论述者一开始就清晰地阐明了他的观点，并通过三个事实论据来为听众提供信息。在辩论的结尾，他又再次重复已经说明的观点：

"我们看到，购买新街 3 号大楼将会产生可观的利润。公司急需扩充场地，买下这栋大楼可以解决这个问题。另外，采纳这一提议将大大提升公司的公众形象。我强烈建议公司采纳这项提议。"

这段辩论在开头和结尾都用最简单的形式展示了论据，以支持辩论。在中间部分当然还有很多需要阐述的，但最好用支持论点的这三个关键点来作为辩论的开头和结尾。

小贴士

一个众所周知的诀窍——向人们讲你要说的内容，再说一遍，向人们讲你所说过的内容。人们经常说起这个诀窍，原因显而易见——它是非常好的建议。

　　简单地说，重复的一个好处是，它让事实一目了然。将一个观点至少重复三次是广告商常用的技巧。一旦你听到五次，说某种产品能杀死所有已知细菌，你就开始相信这种话了。

总结

　　为辩论做好准备。充分研究你选取的事实，精心挑选支撑辩论的关键论点，明确你的辩论该如何构建和展示。

实践

　　把你想说的内容按要点写出来，你可以采用以下结构：

- 前提
- 支持性事实或理由
- 结论

　　简短地写出来，然后大声读出来，慢慢读，读三遍。在你之后的辩论情境中，无论是与医生、你的爱人还是一名电工发生争执，你都能以令人信服的方式"即兴"辩论。当然，你也可以时不时看看自己写下的要点来帮助自己做得更好。

CHAPTER 2

第 2 章

黄金法则二：
何时辩论，何时走开

相信我们都遇到过这种情况：事后才发现自己在错误的时机和情境中展开了辩论。知道什么时候辩论，什么时候走开，是一项重要的技能。在辩论之前，问问自己：现在的时机和情境合适吗？现在走开会不会更好，换个时间或场合会不会更好？

展开辩论

请重点考虑以下几点：

- 这次辩论会有成效吗
- 是私下辩论还是有他人在场
- 你已经掌握全部所需信息了吗
- 你做好心理准备了吗
- 对方做好心理准备了吗

我们来一一讨论这几点。

这次辩论会有成效吗

　　如果展开辩论对任何人都没有好处，就不需要辩论了。假设你正在一个工作聚会上争取新业务，你去向一位看上去有身份的人问好，得知他负责当地的狩猎活动，但你强烈反对狩猎。诚然，这时你可以就狩猎的道德问题说出你的想法，与其展开辩论，但不太可能有成效。你不太可能提出他所不知的论点。在这种聚会的环境中，你也不太可能就狩猎的坏处侃侃而谈。这种辩论不会得到任何好的结果，最终甚至可能损害你公司的利益。是时候走开，或者赶快聊点别的话题了。

　　我们再来想想。比如在圣诞家庭晚宴上，杰夫叔叔开始发表一些与同性恋相关的言论，你认为其中有些言论并不妥当。你可以换个时机和情境来和杰夫叔叔讨论这些问题，但最好别在圣诞家庭晚宴上。这时展开辩论的最终结果可以想见：你和杰夫叔叔都会心烦意乱，其他家庭成员也会对你表示不满！还是换个时间吧。

　　有些人对自己的想法有很深的情结，他们不太可能改变自己的想法。比如，我们不太可能用几句话就说服某人改变自己的宗教信仰。我们最有可能做到的是为他们种下一颗怀疑的种子，待其日后自行探索。

> **实用参考**
>
> "我需要给你展示什么样的证据，才能够改变你的想法？"

这个问题能帮你更好地做出分辨和判断。如果对方表示没有证据可以说服他改变想法，你就知道了你面对的是一个狂热分子。是时候走开了！

永远不要和狂热分子辩论，这就是在浪费时间。

是私下辩论还是有他人在场

是私下辩论还是有他人在场，这一点很重要，尤其是在商业情境中。你需要仔细考虑哪种情况更好：是一对一地交流观点，还是在小组中展开讨论。你可以考虑以下几个问题。

- **隐私**　如果你们会谈到一些隐私问题（不管是关于你自己的还是关于别人的），那么一定要私下聊，来保护自己的或他人的隐私。

- **信心**　如果有人相陪，你会感到更有信心吗？还是你喜欢"单打独斗"？如果你想要一个人陪在你身边，这个人会是谁呢？

- **形式**　你觉得以何种形式展开辩论让你感觉更为舒

适？在一个正式的会议中，还是在一个非正式场合？

- **威胁** 如果你知道对方咄咄逼人、令人不悦，那么最好是请人做伴或是保证有他人在场。周围有其他人在，对方就不太可能欺负你。即使他对你有所冒犯，这时也会有人来为你撑腰。
- **赞同** 还有其他人同意你的观点吗？如果你面对的人群中有人支持你的观点，那么你的辩论会更为有效。

你已经掌握全部所需信息了吗

如果你尚未做好准备，无论如何都要避免展开辩论。正如据理力争的黄金法则一中所说的：掌握所有关键信息至关重要。你可以说"在表达我的观点之前，我需要把问题想得更清楚一些。我们明天再谈吧"，这没什么丢人的。在双方辩论的过程中，有可能出现你不了解的信息，这时你最好休息一下。你可能需要先去研读对方所提到的研究，或者获取更多的数据支持。

你做好心理准备了吗

辩论需要时间、精力和注意力。当你精疲力竭、情绪激动或慌慌张张时，展开辩论会适得其反。即使你的状态一直如此，你也要选择准备充分、立场有利的时刻来阐述你的论点，并倾听对方的观点。在咖啡机旁仓促地商谈加薪申请是行不通的，在凌晨 1 点谈论一段关系的走向也不太可能产生好的结果。

当你生气的时候，要特别小心，不要卷入争论。当听到有人做出你不赞成的决策时，你很可能会立马发出一封电子邮件，愤怒之情跃然纸上，或是马上气冲冲地跑去见他。这时千万要小心，你要确保自己的理解是正确的。如果你冲进别人的办公室抱怨他所做的决策，结果却发现你完全理解错了，场面会非常尴尬。

对方做好心理准备了吗

上述问题也适用于对方。你可能为辩论做了充分的准备，而对方只能全盘接受你将要讲的内容。也许你可以在和他们交谈之前先给出一些信息，甚至可以发送一份内容简短的文件，列出你的观点，建议开会讨论。这样会为对方留出时间来思考你想说什么，并给出经过深思熟虑的回答。

仔细考虑一下展开讨论的最佳时间。周五下午 4 点也许对你来说很合适，但你的老板这时可能已经精疲力竭了。同样，关键是他们能否留心你所说的，并抽出时间来认真倾听你的想法。

实用参考

"这是一个非常重要的问题，我们必须好好讨论一下，但我觉得现在并非恰当的时机。"

"我们明天有空时再讨论一下这件事好吗？"

"哦，你说的是个老问题，我们讨论一整天也讨论不完。要不还是聊聊你在斯凯格内斯度假的经历吧，会更有趣一些。"

避免争论

你有没有发现，当你不想争论的时候，你反而总是在争论？你可以不再让这件事发生。

小贴士

你不必对每种你不赞成的观点都争论一二。

有必要争论吗

首先，在每次想要与人争论之前问问自己：真的有必要吗？也许你觉得自己周围的人都是傻瓜，他们很差劲。即使真是这样，你也不必纠正你遇到的每个傻瓜。让一些事情顺其自然吧，你可以学一些惯常说辞来躲开争论。

> **实用参考**
>
> "这是一个非常复杂的问题。"
> "这真是个有趣的观点。"
> "真要讨论起这件事来，我们可以一直讨论到明天早上。"

如果你实在觉得无法忍受对方的无知，那么最好采取非对抗性的方法。试试下面这句：

> "关于这个，前几天我读到一篇非常有趣的文章。我把这篇文章发邮件给你吧。"

这个问题可以解决吗

人们喜欢讨论的许多重大问题，都直接而广泛地反映了不同群体之间的分歧。例如，关于生命是否始于受孕的争论实际上反映了人们信念的差异（比如是否有宗教信仰）。除非你有大量的空闲时间（比如你被困在一辆出故障的火车里），否则你不可能把所有问题都讨论透彻。如果你无法解决这个问题，或许还是放弃比较好。

也许这个问题是可以解决的，但你就是无法说动对方。

他们对某个观点非常执着，无论你说什么都不会改变他们的想法。在这种情况下，辩论不太可能有成效。当他们似乎并不愿意参与讨论时，一般会出现以下信号：

"我只是不想讨论这个问题。"

"我心意已决。"

有人甚至曾对我说：

"不管你说什么，我都不会改变主意的。"

我们要仔细考虑一些所谓合理的原则，许多人拥有某种信念只是想当然，并没有经过大量思考和逻辑推理。令人惊讶的是，很多人都会不假思索地坚定地支持某件事。我还记得多年前与我祖母之间的一次谈话，她是英国保守党的狂热支持者。我们讨论了一系列问题（比如教育、国防等），她在每个问题上都支持英国工党的政策，而不是保守党的政策。最后我问："奶奶，你在每个问题上都支持工党的政策，那你为什么支持保守党呢？"她回答说："因为我一直都支持保守党。"对于这一回答，我简直无言以对。

了解你的"开关"

大多数人都有"开关"。只要有人提到某个问题，我们就会展开长篇大论。20 分钟后，可怜的朋友看着精疲力竭的我们说:"好吧,我想我不应该提起那件事。"一旦你了解到自己对某个问题非常敏感,可能会反应过度,你就要小心了,你可能会在这个问题上产生偏见。这时要确保冷静,然后问自己:现在是适合辩论的时机吗?眼下是合适的辩论情境吗?对方是恰当的辩论对象吗?

总结

记住,你不必对每个你不赞成的观点都争论一二。通常,让事情顺其自然就好。如果有必要辩论,确保你已经准备好了。确保在合适的时机和情境中展开辩论。如果情况并非如此,那就改天再说吧。

实践

深呼吸,问问自己:

- 现在是适合辩论的时机吗?
- 眼下是合适的辩论情境吗?
- 对方是恰当的辩论对象吗?

如果是,再做一次深呼吸,然后投入辩论。如果不是,那就走开吧。

CHAPTER 3

第 3 章

黄金法则三：
你要说什么，你要如何说

在一个理想世界中，人们只论是非对错，而不会在意观点的传达方式。然而我们并非处于一个理想世界。一个我们无法回避的事实是：如何表达观点是至关重要的。广告的根本目的是说服你去买一件你本来不会买的产品，而大多数广告都是自欺欺人、名不副实的。许多人尽管没有充分的证据支持，也能在辩论中获胜，因为他们把自己的观点表达得足够好。许多人有好的观点，却没能在辩论中获胜，因为他们没能使其观点更具吸引力。

把一场辩论仅仅看作一场智识上的较量就犯了严重的错误。许多辩论既涉及智识，也涉及情感。你听过很棒的演讲吗？这种演讲获得成功可能并非源于其观点在智识上的力量，而是引发了观众的共情。贝拉克·奥巴马[○]（Barack Obama）之所以能赢得美国总统大选，并不是因为他的演讲在智识上具有吸引力，而是因其引发了民众的共情，他的传达方式很具有说服力。

　○　第44任美国总统。——译者注

传达方式

那么，你能做些什么来使自己的辩论更有吸引力呢？以下是一些建议。

清晰

如果你认为一场辩论的论点越复杂就越有说服力，便大错特错了。即使是最难的问题也可以归结成几个简单的要点。这并不是要简化问题，你的辩论可能的确涵盖一些复杂的观点，但你需要在辩论进入尾声时回到几个关键点上。如果你的辩论对手不理解你的主张，或者不理解你为何提出那样的主张，你不太可能取得进展。众所周知，金融欺诈很难被起诉。一个原因是被告律师很容易就能做出辩护，只要在陪审团上下功夫就可以：引入大量复杂的金融信息，请用词专业、满口行话的专家介入，陪审团很快就会感到不知所措，无法确定被告是否犯了罪。

在辩论中也是如此。你可以迷惑你的辩论对手，让他们相信这个问题很复杂，但不要去说服他们你是对的。

简洁

我想反复强调简洁的重要性。你可以通过"明信片测试"

来多加练习——将你想说的话总结在一张明信片上。除非有人特别要求你对某一问题发表评论，否则你最好要求自己每次只说不超过三个要点。

大多数人在辩论时说得太多。

有人喜欢说几十个要点，听众会感到困惑而无聊，与其这样，不如把一个要点讲得清清楚楚，你只需要确保有一个论点确实有效。最好选择那些最佳论点，并充分利用它们。

把注意力集中在"听众需要知道什么"上，如果你告诉听众的是他们已经知道的东西，他们会感到无聊。如果在你15分钟的侃侃而谈中，没有一点是他们不知道的，他们就不愿意花精力听你说话。我知道你很想谈论自己的所有观点，但最好还是有所保留。看看听众的反应，他们是否理解了你的三个主要观点，还是你需要继续做出解释？他们是否马上要被这三个主要观点说服了？这时再谈一些次要观点才可能有用。他们是否早已对你谈论的问题非常了解？如果是这样，你需要小心行事！

热情

对你的辩论充满热情。告诉人们你对某个问题特别关心，这并没有什么错。在辩论中，不要咄咄逼人，但可以积极活泼。如果你给人的印象是对别人说的话不感兴趣或感到厌烦，那么当别人也对你表现出同样的感受时，你也不要感到惊讶！

正确开场

当你展开辩论时，你希望人们能马上站在你的角度看待问题。律师们很清楚这一点，他们在开庭时的辩述就主要是在影响陪审团看待案例的角度。

> **正确示范**
>
> 被告律师："被告是一位有家室的无辜男人，他被一名头脑不清的证人错误指认，这名证人曾经遭到警察残忍的殴打。你们必须支持我们无辜的被告，维护他的正当权利。"
>
> 原告律师："这名男子曾去到一位老人家里，残忍地袭击了这位无助的老人，我们有充分的证据可以起诉他，我们必须维护社会安全，解除这种安全威胁。"

也许律师不会完全这样讲，但你能明白这里的意思，律师的开庭辩述是关键，因为他们想让陪审团从一个特定的角度来审视所有证据。举个例子，如果你认为采用某个提议将严重危及你公司的财务状况，你会希望听众带着这样的问题，"有什么财务风险？会影响到我吗"，来看待所有证据。如果你能让他们从这个角度来考虑这项提议，你的胜辩之路就会尤为顺利。

举证转移

在辩论中，举证的转移是一个非常重要的问题，但很多人并没有意识到它的重要性。试想如果一个会议主席这样说：

"这个提议听上去很有意思，为什么我们不采用它呢？在座有人能想到任何反对的理由吗？"

会议主席以这种方式提出这个问题，是把举证的任务转移给了那些不赞同这一提议的人。他已经觉得没有必要再对这一提议进行辩论了。想象一下，如果主席这样说会怎么样：

"我们已经了解这一提议了。对于采用这一提议，有人能想出一个有说服力的理由吗？"

再如，如果你想要买一辆自己早已看好的汽车，你可以说：

"给我一个不买这辆汽车的理由。"

这样说就是已经默认了，买这辆汽车是好的。

当然，你也可以说：

"为什么要买这辆汽车，给我一个理由。"

这样说，就是把举证转移到寻找购买汽车的充分理由上。在辩论中，试着把辩论引向这样一个问题：你们为什么不接受我的观点？这样的话，那些持怀疑态度的人就会支持你，除非他们找到了可以反对你的充分理由。

好事成三

好事成三，很多好东西在呈现出来时，都由三个元素构成。这种说法也许有点夸张，但想一想：

　　啪，噼，砰！[一]

广告商经常使用这种"三件套"，他们知道这样会产生很好的效果。

告诉听众你接下来会说到几个观点，可能听起来相当正式，但这样可以帮助听众了解你说到哪儿了，并记住和定位你的观点；这样也方便听众了解他们要听你说多长时间。

"我们应该支持这个项目，有三个主要原因。第一……"

采用这种方式，可以让你的听众相信，你并非不假思索、

　　[一]　家乐氏（Kellogg's）麦片的广告语，三个词都代表人们在吃这款产品时发出的声音。——译者注

夸夸其谈。你已经对问题深思熟虑过，并且尊重听众时间有限的事实。

避免片面

很多辩论都是人们的一面之词。上门推销人员总是这样做，他们会列出购买该产品的所有好处，并试图让你不去考虑其缺点——它最明显的缺点就是会花掉你一大笔钱！我相信我们都遇到过悲观主义者，对于每一个提议，他们都只考虑负面因素。悲观主义者会对每一个关于度假的提议说：

"在度假的过程中可能会下雨，旅馆可能会很糟糕，我可能会讨厌那里的食物，而且度假很费钱。"

如果一直这样思考问题，那么有些人竟然能起床，或者能卧床休息，也都堪称奇迹！

然而，一个优秀的辩论者会预判对方可能提出的论点，据此做出回应。事实上，如果你能够针对你的论点一一列出反对观点，然后反驳这些反对观点，就能让辩论对手失去斗志了。这样，当他们试图说到这些反对观点时，听起来就会像是在重复论述，而听众已经对此有了负面的看法。

当然，这样做也有一些风险。如果对辩论对手可能提出的论点讨论过度，你可能会在听众的心中播下怀疑的种子，甚至会给对手一些灵感来反驳你的观点！建议你遵循以下两条关键规则：

- 除非你能自圆其说，否则不要提到对方的论点。
- 如果驳论显而易见，一定要提出对方的论点。

小贴士

如果可以的话，尽早反驳对方的论点。否则不要提及对方的论点！

善用幽默

幽默对于赢得一场辩论来说非常重要，它能让你获得听众的支持。如果你能讲一个有趣的笑话来展开辩论，人们可能为了能够听到更多笑话而更愿意听你说话！笑声可以团结你的听众，也能拉近你们之间的距离。

然而，幽默也有风险。我想到了两个方面。首先，幽默可能会分散听众的注意力。我相信我们都听过这样的演讲——在一场演讲结束后，大家都说："他的演讲让人捧腹大笑，但他到底都说了些什么内容？"如果你只是想让人们喜欢你（比如你在参加选举），保持幽默没什么坏处，但如果你想要阐述一个严肃的观点，你就要拿捏好自己幽默的尺度了。

用笑话来活跃气氛、放松心情是值得鼓励的，但不要过度。其次，最好避免开一些无情而刻薄的玩笑。

> **错误举例**
>
> "我不知道你为什么这么傻，但你的傻气挺管用的。"
>
> "我现在真的有点忙，但改天我也不想理睬你。"

对你的辩论对手说一些令其不悦的话可以博得听众一笑，但听众不太可能会因此欣赏你或你的观点，这当然也不意味着你们的辩论会富有成效。你要让听众和你一起笑，而不是嘲笑你的对手。

情感联结

据说，在许多美国餐馆里，"老妈特色菜"的平均收费比常规菜品要高出 15%。一个家常的类比竟然能让平凡的东西显得特别，而这也适用于辩论。

对我们许多人来说，一些词语、图像或气味可以传达情感。房地产经纪人建议在潜在买家来看房子之前，煮上咖啡或烤上面包，这是有原因的。广告商在花大价钱请名人来宣传他们的产品之前，会仔细考虑这位代言人与产品之间的联结。一个人如果能很容易让人感到可以依靠、可以信赖，他一般会受邀宣传金融产品；而一个人如果更多让人联想到

"美丽""性感"这类词语，就很有可能代言某款香水。

因此，我们在辩论时要充分运用正向联结。你想在辩论时与听众建立怎样的联结？你想表现得冷酷无情，还是亲切温和，抑或精打细算？将你的论点与听众可能产生的某种情感联结建立联系。

实用参考

这个提议就像艾伦·休格⊖（Alan Sugar）解雇员工的方式一样，简短而犀利。

仔细考虑你的用词。我们都知道，几个词语就可以表达很多含义。小报作家对此非常了解：

作为标题，"变态狂偷偷跟踪保姆"比"有人在校外闲逛"更抓人眼球。

恰当使用词语是非常重要的。在思考如何表达你的论点时，选择一些能够渲染气氛的词。有时一个抓人眼球的短语比上百个统计数据更能为你赢得辩论。

类比不当

类比不当的情况包括将一个人的辩论与不愉快的事情联

⊖ 英国企业家。——译者注

系起来，换句话说，指一个人对另一个人的论点嗤之以鼻的情况。在辩论中，用智慧来包装攻击更能吸引听众。强势地反驳别人的论点终归是不好的，听众可能会认为你非常没有礼貌，你会因此无法与辩论对手或者听众建立良好的关系。用幽默的类比可能使你略显粗鲁，但不至于刻薄。然而，你必须谨慎地使用这种方法，如果操作不当，你可能会失去与听众的共情。你可以借鉴以下这条论述。

> **实用参考**
>
> "这场演讲简直像得克萨斯长角牛一样，这里有一个角尖，那里有一个角尖，中间是一整头牛。"

保持冷静

保持冷静是至关重要的，朝对手大喊大叫一定会让你输掉这场辩论。我曾经见过一名父亲对自己蹒跚学步的孩子卖力大喊："我多么爱你，你必须照我说的做！"他声音里的攻击性比他所说的话更为响亮。

然而，众所周知，人在辩论中很容易发脾气。保持冷静说起来容易，如何真正做到呢？

第一，在辩论中对方有时是故意要惹你生气。他们会用提前设计好的一些说辞来惹你生气，他们知道你如果不再冷静，就会说出一些傻话。你会开始生气，而不再可能赢得辩论了。政客很少生气，因为他们知道，如果自己表现得不够冷静，对选民的吸引力就会减弱。千万不要落入圈套，面对那些只为激怒你的言论，以冷静的回答来回应其本质问题可能最为有效。事实上，有洞察力的听众都会对你没有"落入圈套"表示欣赏。

> **小贴士**
>
> 要意识到对手可能是在故意激怒你。留心你可能生气的情况，避免类似情况出现。

如果你感觉自己要生气了，提醒自己保持冷静，集中精力解决问题，不去理睬对手针对你的人身攻击。

> 鲍勃："你是个极端的种族主义者，你简直是个人渣。"
>
> 汤姆："鲍勃，我们在讨论'积极差别待遇'是否应该得到包容。这是一个复杂的问题。我刚才说的是，设置少数族裔员工的数量可能招致他人的不满，反而会阻碍反歧视的进程。你觉得呢？"

汤姆不去理睬鲍勃的侮辱性语言，而是回到辩论主题上。

以牙还牙是最简单的，但如果这样做，辩论将不会得到任何结果。当然，鲍勃也可能会以更多的人身攻击言论来回击，这时汤姆最好停止辩论。

第二，了解一些预警信号。人在生气的过程中通常会有一些生理反应：你的脸会发热，心率会加快，你会感到情绪激动。了解你快要生气时是什么感觉，这样你就可以采取预防措施。

也要注意那些让你激动的情境、话语或问题。有些人在感到自己的权威受到挑战，诚信受到质疑，或者别人老是要教自己做事情时，会感到很愤怒。每个人的情况都不一样，留心这些情况。

第三，如果你感到自己脉搏加速，快要生气了，提醒自己要保持平静，深呼吸。这时也许最好的做法是向对手说："我们改天再谈这个问题吧。"如果有必要，直接走开，去喝点水。可能的话，可以躺下。坚持对自己反复说"我不会为此生气的"（但不要太大声）。

直接走开可能不是最理想的做法，但它总比生气要好。一旦你冷静下来，你就能更好地处理问题。如果你无法冷静，你可以尝试慢慢地数到十，或者一个一个想想朋友们的名字。做一些别的事来转移你的注意力，提前计划好当你感到自己要生气时可以想些什么。

第四，大声说出对方惹你生气的那些话可能很有帮助。承认自己感到不快，这对你有帮助，也有助于对方理解刚才的谈话对你产生的影响。你可以很直接地让对方了解你的想法：

"我知道你刚才所说的话出于你的个人信仰，但我听到这些话很不舒服。"

第五，说话时尽可能轻柔而从容。很多大喊大叫的人都意识不到他们嗓门很大。如果你感到自己说话很用力，那你很可能是在大喊大叫。因此，请尽可能从容而轻松地说话。

> **小贴士**
>
> 在你感到生气时，你可能会变得比你想象中更有攻击性。

人们很容易被辩论对手的音量和语气所影响。如果他们说话越来越大声，你可能也会跟着开始大声讲话。注意这一点，不要让对方的愤怒引发你的愤怒。

肢体语言

关于肢体语言，有一些相当不错的图书对此进行了讨论，比如詹姆斯·博格（James Borg）的《肢体语言》（*Body Language*）。正如人们常说的，人与人之间 70% 的交流是通过肢体语言进行的。以下是我概括的书中的几个重要建议：

- 不要坐（或站）得离谈话对象太近。
- 对着谈话对象坐（或站）。
- 可以进行一些眼神交流，但不要太多。
- 让身体保持开放姿势，不要把双臂交叉放在胸前。

同样地，要注意谈话对象是否有类似表现：

- 他的胳膊有交叉放在胸前吗？如果是这样的话，他可能比较紧张。
- 他看起来躲躲闪闪或者不舒服吗？这可能表明他并没有完全放开。

丰富表达

你可以使用丰富多彩的语言表达！这并不是说你要多说俏皮话，或者可以说脏话，而是要尝试尽可能广泛地使用丰富的词语和短语，为你的辩论增添趣味性。不要做过头，你不是去英国皇家戏剧艺术学院试镜，有很多方法可以让你的辩论吸引听众：

- **使用类比** 当微软被要求将其他公司的软件与自己的浏览器捆绑在一起时，比尔·盖茨（Bill Gates）表示，这就像"要求可口可乐公司在 6 罐装的可口可乐里放进 2 罐百事可乐"。这个易于理解的类比很好地演示了这一方法。避免使用陈词滥调，你要自己尝试创作类比。比如在试图说明对方正在努力实现不可能的目标时，试着借用名人做一个恰当的类比："这就像试图让戈登·布朗⊖（Gordon Brown）自然地微笑""这就像想要教理查德·道金斯⊜（Richard Dawkins）祈祷一样"。

- **用"强力词"** "强力词"是指那些很容易让人产生情感联结的词。避免使用"很""非常"这种词，而使用那些表意更为明显的词。向广告语言学习一下吧——漂白剂不仅有清洁作用，还能"消灭细菌"；润肤霜不仅能"润肤"，还能"软化"皮肤，给皮肤"补水"。

- **斟酌术语** 所有关注辩论的人都会关注术语在辩论中的使用。试想在关于堕胎话题的辩论中，究竟是说"一个胎儿"还是"一个尚未出生的孩子"？辩论双方都试图使用自己的术语，因为这样会有意无意地影响听众接受论点的效果。注意不要说出对方的术语，这会使对方在这场辩论中处于上风。

⊖ 英国政治家，英国前首相兼前财政大臣。——译者注
⊜ 英国著名演化生物学家、动物行为学家和科普作家，无神论者。——译者注

> 美国政治家阿尔·史密斯（Al Smith）在被问及对"酒"的看法时说：
>
> "如果你所说的'酒'玷污纯真、败坏贞操、引发疾病、腐蚀心灵，致人失业和家庭破裂，那么我当然会竭尽所能来抵制它。
>
> "不过如果你所说的'酒'承载着友情与友谊，它使人谈笑风生，它温暖的液体让人灵魂愉悦、心情舒畅，它为公共财政贡献了数百万美元的税收，用于教育孩子、照顾盲人和亟待照料的老人，那么我将倾尽所有来支持它。"

在回应辩论时，用词得当很重要。考虑一下会议主席的两种说法：

"这是一个已经经过仔细研究和充分讨论的提议。"

与上述说法相比，以下说法就会使提议很难被接受：

"好吧……呃……这很有趣。还有谁有相同观点吗，还是我们继续向后推进？"

赋能于人

辩论的最好方式不是告诉别人该做什么，而是让他们自已解决问题。一个自己愿意参与问题解决的人更有可能真正地想出"自己的"解决方案。这就是要在辩论中讨论双方观点的原因：会使辩论更有说服力。我们来看看这个例子，在一个地方会议上，鲍勃说：

> "我们这次要来讨论，是否要反对修建新的手机信号塔。我们已经了解它所有的优点——我们手机的信号接收效果会更好，我们会得到一些额外的钱，那片荒地能被利用起来。我们也听说了它的缺点——我们的孩子患癌症的风险会小幅增加，那片荒地因此就不能用来建造一个很棒的运动场了，它还会影响人们欣赏远山的美景。我们需要权衡这些因素，做出对我们来说最好的决定。"

你可能有一点疑问：鲍勃自己站在什么立场呢？鲍勃没有直接告诉你该怎么想，他把问题留给你自己解决。当然，他早已规划好一条清晰的路径，希望你根据他的分析做出决定。

总结

在辩论的传达方式上多下功夫，确保它简洁而有吸引力。不仅要阐述对你的辩论有利的论点，还要阐述对立面的论点。

使用戏剧性的、令人振奋的语言来吸引听众，让他们感受到你对这一辩论话题的热情。

实践

辩论不是裁一套新衣服或做一个新发型。但是，整理仪容在很多情况下是很重要的。在辩论中，要修饰你的措辞，使它们清晰、简洁、热情、多彩、智慧、冷静，最重要的是要有魅力和吸引力，用幽默和谦逊的态度让别人从你的角度看问题，这样你就赢了。

CHAPTER 4

第 4 章

黄金法则四：
倾听，再倾听

人们展开辩论是为了向他人解释自己对某事的担忧或看法，希望赢得他们的支持。因此，清晰地表达你自己的观点是至关重要的，我们将在后面讨论这一点。现在我们先来看看倾听的重要性，如果你想说服一个人，首先你必须认真听他在讲什么。

> 倾听，倾听，倾听。倾听的重要性强调多少次都不为过。

以下是三点重要原因：

- 只有当你解决了某人的担忧时，他才能被你说服。
- 你必须用让他人信服的方式来陈述你的论点。
- 当你安静地倾听他人讲话时，你给了他时间来陈述自己的观点。他观点中的弱点可能因此暴露得更为明显，他很有可能"搬起石头砸自己的脚"。

一般来说，你应该花更多时间来倾听，而不是辩论。争取在一场辩论中用 75% 的时间倾听，用 25% 的时间阐述自己的观点。

> **小贴士**
>
> 　　你要和对手"交流"，而不是"对着他说话"。

让对方开口说话

　　倾听似乎是世界上最简单的事情，而实际上非常困难。在别人说话的时候，你很容易只去想着自己要说什么。在一个人打断另一个人说话时，你可以很明显地看到这一点。他们太专注于自己想说的，而没有充分倾听对方。

> **小贴士**
>
> 　　不要轻易打断他人讲话，这很不礼貌。打断他人讲话，你就是在暗示你想说的远比他说的话更重要。

　　要倾听，不只要做到在别人说话时保持安静，还要努力理解对方在说什么、为什么那样说。如果不理解，你可以请对方进一步做出解释。有些人需要他人帮助，才能解释清楚自己的观点。正如我们前面所说的，有些人会只陈述最终结论，需要他人鼓励才能说明原因。

"你太有趣了。我从未见过认为地球是平的的人。你为什么会这么想？"

向对方提问是很重要的，这能让你知道对方的出发点和辩论依据。只有知道了这些，你才能找到机会反驳他。

你可能会发现对方不知道自己为什么这么想，甚至可能需要你来帮他找到原因：

"你说你讨厌表姐结婚，是因为你的宗教信仰吗？还是你担心他们会生孩子，孩子可能有先天缺陷？"

当然，有些人（也许是大多数人）没有想清楚为什么他们会有某些特定观点。

消除对方的忧虑

来看看这个对话。

错误举例

布莱恩："没办法，我们得解雇露西。"

希拉："可是她有两个年幼的孩子，解雇她太无情了。"

布莱恩："她给公司造成的损失太大了，我们得减少工资开支。"

希拉："可是圣诞节快到了，她的孩子们会很难过。"

布莱恩："如果我们不马上采取措施削减成本，公司就要破产了。解雇她是削减成本最简单的办法。"

希拉："你太残酷、太无情了。"

布莱恩："我们必须现实一点。"

希拉："你就是不明白我的意思。"

这场辩论进行得并不顺利。希拉和布莱恩的问题在于他们没有充分倾听彼此。布莱恩没有思考希拉反对解雇露西这一提议的真正原因。在公司财务需要方面，他可以出口成章，但没有一点能够解决希拉最关心的问题：露西的孩子们。同样地，希拉一直在谈论关于露西孩子们的问题，但并没有从布莱恩的角度考虑问题。这就好像他们试图一起打网球，但每个人打了不同的球。这场辩论不会有任何结果。布莱恩如果想要说服希拉，就要斟酌解雇的方式，对露西和她的家人来讲不至于过分残酷，或者想办法减轻解雇这件事对她和家人的打击，例如推迟到圣诞节后再解雇露西。希拉如果要说服布莱恩不解雇露西，就要提出为公司省钱的其他方法。

因此，赢得一场辩论的关键在于倾听对方的观点，消除对手的忧虑。如果不解决对手的问题，你可能会不断地提出对方无法同意的观点，这样就无法找到双方产生分歧的原因。

用最佳论点说服对方

使一位优秀的辩论者脱颖而出的，是其提出能够说服对方的论点的能力。你可能有很多优秀论点来支撑自己的辩论，但你要从中选出最能说服对方的论点。之后，你要思考传达这些论点的最佳方式，使其更能吸引你的辩论对手。你认为很好的论点对他来说可能不是很好。

来看看艾莉森和查尔斯之间的讨论。

错误举例

艾莉森："领取救济金的人在耍把戏，他们简直就是在诈骗，他们就是一些只想讨钱的懒人罢了。"

查尔斯："这样说对他们并不公平。我的朋友玛丽几个月来一直在找工作。她真的很努力，但找工作并不容易。"

艾莉森："我上周在报纸上读到一篇研究，说国家每年因救济金诈骗而产生的损失超过1200万英镑。"

查尔斯："可是玛丽没有欺骗任何人，她是个非常诚实的人。"

艾莉森："你知道我们为这些福利交了多少税吗？我为了拿到工资而努力工作，现在那些不工作的人却用我贡献的税收来享受福利。"

查尔斯："可我不介意把我的钱花给像玛丽这样的人，这是她应得的。"

这场辩论凸显了人们在辩论时经常发生的一个问题。一些人总是着眼于大局，他们认为统计数据和研究非常有说服力；而另一些人更喜欢从个案的角度来看待问题。

在艾莉森和查尔斯之间的辩论中，查尔斯倾向于通过关注个案来考虑问题。艾莉森如果想要说服查尔斯，最好列举一些"只想讨钱的懒人"的例子。同样，如果查尔斯想要说服艾莉森，最好找到专家观点或者研究支持。艾莉森似乎是那种无法为个人故事所打动的人。

事实上，可能大多数人都会认为既讲述个人故事又有数据支持的辩论令人信服。特别是在与一群人或一个不太熟悉的人对话时，试着既广泛地谈论某个话题，也聊聊某个人的例子。我们来看看下面这个例子。

正确示范

"我们需要重新安排办公室的布局。从我给你的图纸上可以看到，这将创设 250 平方英尺[⊖]的额外空间，这些空间可以用于办公，以及添置两个新的信息台。增加每平方英尺的成本只有 60 英镑。看看史蒂文，他现在挤在一个狭小的空间里，每天要花很长时间走到办公室的另一边找文件。如果采用这一提议，他的办公环境会更为舒适，也不会再每天浪费那么多时间。"

⊖　1 平方英尺约为 0.093 平方米。——译者注

在这里，辩论者把重点放在了概括性的数字和统计数据上，但也举出了个案来说明该提议的积极影响。

找出对方的偏见或预设

人们在辩论时都会带着一定的偏见或预设。仔细听听对方在说什么，他们做了什么预设，他们觉得何种辩论更有说服力。

记住，对方可能持有一种核心信念，是你无法在简短的辩论过程中动摇的。你不太可能说服一个爱国的美国人说他的国家在过去 20 年里的外交政策是大错特错的；一个有宗教信仰的人可能更倾向于支持基于宗教的论点，而不是基于无神论的假设。

也要记住一些不太明显的要点。每个人对自己都有独特的看法。我们对自己有一种特殊的印象，而当我们发现别人对我们的看法和我们对自己的看法不一致时，我们很容易感到不安。在辩论中，提醒对方珍视自己的某种价值观，可能会效果不错。

鲍勃："桑吉夫，所有人都知道你是一个信守诺言的人。就在前几天，芭芭拉还说'桑吉夫言出必行'。你可不能反悔，违背你上周对我许下的承诺。"

在这个辩论中，鲍勃提醒桑吉夫"自己是值得信赖的人"这一自我身份认同感。大多数人都非常关心自己的声誉以及别人对自己的看法。诉诸对方的核心价值观，并在你的辩论中利用这一点，会很有说服力。

> **正确示范**
>
> "如果你这样做，人们会认为你不诚实、控制欲强。你想被看成这种人吗？"

了解对方所尊重的人

了解辩论对手所尊重或信任的人是很重要的。假设你知道你的辩论对手是贝拉克·奥巴马的狂热支持者，这时指出他的观点与奥巴马的观点相反将非常有效。至少你可以对他说："连奥巴马都不同意你的观点，你不觉得至少要再仔细考虑一下这个问题吗？"

在考虑使用哪些数据来作为支持时，这一点也很重要。比如，如果你知道辩论对手是某个儿童慈善机构的热心支持者，看看能否找到这家机构参与的研究来支持你的结论。至少要避免使用对方所反对的机构研究产生的统计数据。面对英国国教会（the Church of England）所做的关于祈祷的力量的报告，一个激进的无神论者是不会被说服的，但如果你能找到无神论者的一份报告，说祷告可能有一些好处，这样会更容易说服他们。

找到双方的共同点

在辩论中，获胜的关键是找到辩论双方的共同点。有没有你们能达成一致的事实？除非你们能在一些事情上达成一致，否则辩论很难继续下去。看看下面这对父母之间的讨论吧。

正确示范

妈妈："我们不能再让汤姆看《神秘博士》（*Doctor Who*）了，他看电视看得太多了。"

爸爸："你说得对，但是他很喜欢《神秘博士》，不让他看真的很难。"

妈妈："的确，但是我们都同意汤姆在看电视上花了太多时间了，对吗？"

爸爸："是的，我同意。"

妈妈："而且他今天已经看了两个小时，对吗？"

爸爸："是这样。"

妈妈："所以他不应该再看了。"

爸爸："你说得对。我们把接下来的剧集录下来，这样他明天可以接着看。"

　　妈妈："这个解决方案很好。我们是不是可以制定一个他必须遵守的明确规则——每天看电视的时间不超过两个小时。"

　　爸爸："这个规则不错。"

　　这次讨论达到了很好的效果。虽然这种讨论很容易出现问题，但妈妈做得很好，她找出了一些能和爸爸能达成一致的事实，爸爸看到关键事实后就对妈妈的看法表示同意，之后两人一起寻找解决办法。

　　这次讨论还告诉我们，代词的使用方法很重要。使用"我们"可以把对方代入你的论述，这是一种强调你们意见一致的好方法。

实用参考

　　"让我们试着达成一致意见。"

　　"你能再给我解释一遍吗？我没能理解你的意思。"

　　"我们需要找到一个双方都能接受的解决方案。"

　　肯定对方的优点，有可能的话，找到双方能达成一致的观点：

你在演讲中的确提出了一些很好的观点。然而，我们确实需要权衡利弊。

人人都喜欢被赞美，即使是老套的奉承，也会令人心生欢喜。与人辩论并不意味着你不能对他们表示友好！

无法认同某些事实

有时候双方在某些事实上很难达成一致，在这种情况下辩论可能不会取得任何进展。在本书前面提到的那对父母的讨论中，如果他们不能就"汤姆当天是否看了电视"这件事达成一致，这场讨论就很难向前推进。

有时候，先假定某一特定事实是正确的，再在此基础上进行讨论是有用的。例如，你可以说："如果我们假设 X 是真的，那么我同意你的观点。"你说得很清楚，你不一定同意 X 是真的，如果最后证明 X 不是真的，你就不会同意对方的观点。

如果你认为自己的论据很充分，那么即使你的主张是错误的，这一点也会有用。

鲍勃："你觉得我们应该解雇丽莎，因为她对我们撒谎。现在，在她是否撒谎的问题上，我们产生了分歧。就算她这次真的撒了谎，我也认为不应该解雇她，因为她以前从没撒过谎，工作也很努力。"

除非鲍勃采取这一策略，否则关于丽莎是否撒谎的争论可能会被搁置。然而，如果鲍勃的观点（无论丽莎是否撒谎都不该被解雇）说服了对方，那么丽莎是否撒谎这件事就不那么重要了。

使用以下这一类似策略可以找到"应急方案"。

> 吴："我知道我们在关于这个项目的花费上存在分歧，但你看这个解决方法怎么样——我们让公司财务部门估算一下这个项目的成本，如果他们认为成本在 3 万英镑以下，我们就继续推进这个项目，如果成本超过 3 万英镑，我们就不做了。"

在事实未知或有争议的情况下进行辩论意义不大，最好在了解事实后再展开辩论或寻求达成一致。

总结

从各个方面来看，"倾听"都有益处。了解对方的观点之后，你可以试图消除对方的忧虑；站在对方的角度思考问题，才能了解用哪种方法最能说服他们接受你的观点。当你让他们自由表达观点时，他们很可能会给自己挖坑，之后再难上岸。倾听，倾听，倾听。我反复强调倾听的重要性，因为它真的很有价值。

实践

在倾听的过程中，不要老去思考自己接下来要说的内容。练习专心倾听，完全消化对手所说的话。这将为你增加辩论的深度，并帮你找到双方的共同点，以此将辩论向前推进。

CHAPTER 5

第 5 章

黄金法则五：
善于应对

就像我已经多次说过的，成为一名优秀的辩论者意味着你不仅要提出自己的观点，还要回应别人提出的观点。最好的辩论形式在于你提出最强有力的论点，并试图反驳对方的观点。

以下三种方式可以用来应对争辩：

- 质疑对方的事实依据。
- 质疑对方得出的结论。
- 接受对方的观点，但论述还有其他观点比他们所说的更为重要。

为了帮你理解得更加清楚，我们来看一些例子。

所有英国人都穿得很糟糕。女王是英国人。因此，女王穿得很糟糕。

在这个例子中有两个前提：所有英国人都穿得很糟糕，女王是英国人。由此可以得出结论：女王穿得很糟糕。上述逻辑完美无缺，但如果你想要质疑这个论点，你可以质疑第一个前提：所有英国人都穿得很糟糕，这是正确的吗？你能想到一个穿着得体的英国人吗？你可能也想质疑另一个前提：女王是英国人，但这似乎很经得住质疑。就像上述例子，有时对方的辩论逻辑使你无从质疑，但你可以质疑其作为论点基础的陈述（前提）的准确性。

教皇是天主教徒。教皇反对堕胎。因此，所有天主教徒都反对堕胎。

在这一辩论中有两个前提：教皇是天主教徒，教皇反对堕胎。大多数人都会同意这一结论，但这一结论不是由前提推论得出的。在一个群体中的一个人拥有某种观点，并不意味着这个群体中的每个人都拥有这种观点。

以下是另一个糟糕的例子：

香蕉是一种水果。香蕉是黄色的。因此，所有水果都是黄色的。

以上两个例子，从无从辩驳的事实中得出了并不可靠的结论，这说明结论并不总能由事实推导得出。质疑对手的结论是回应争辩的第二个好方法。

质疑争辩的第三个方法是接受对手的前提和结论，但提出对手的论点忽略了其他因素。

步行上学有益身体健康。我们想要身体健康。因此，我们应该步行上学。

假设现在这个例子的前提和逻辑是正确的，即使它们很可能确实正确，辩论也并未结束。我们可能的确想要身体健康，但我们也想要做到其他事情（例如准时上学、心情愉快地到达学校），这些都可以作为权衡因素。此外，为了增强体质，还有其他很多方法更适合一天时间的安排。因此，虽然步行上学值得称赞，但提出与其相关的其他因素，也可以质疑结论。

让我们更详细地看看回应争辩的不同方式。

质疑事实

假如鲍勃这样说：

"英国的平均气温正在下降，而不是上升，因此全球变暖的说法是无稽之谈。"

对于关注全球变暖的人来说，回应这一辩论的一种方式是质疑它的事实根据，比如可以列举表明英国的平均气温实际上正在上升的调查。

正如我们已经看到的，统计数据和研究可能误导听众。我们在据理力争的黄金法则一中看到，统计数据非常容易被滥用。还记得那些可以质疑数据的关键点吗？

● 这项研究的研究者是谁？研究是独立的吗？

- 样本量有多大？具有代表性吗？
- 这项研究到底表明了什么？

人们很容易被"科学"蒙蔽。当心不要被对方的长篇大论所迷惑。梅森·皮里（Madsen Pirie）是一位顶尖的逻辑专家，他举了一个例子来说明如何将非常简单的东西复杂化：

一只小型家养肉食性四足动物在有着粗糙纹理的芦苇编织平面织物上处于久坐状态。

简单来说就是：猫坐在垫子上！

这是一种常见的辩论技巧：让事情听起来非常复杂。你无法理解它，也无法反驳它。事实上，这个技巧的原理就是让你觉得自己不够聪明，无法理解对方的观点，之后无论他说什么，你都会同意。这种技巧在学术界尤为普遍。我的经验是，其实真正聪明的人能够以非常直接的方式解释他们的观点，那些不太聪明的人才觉得有必要用复杂的表达或想法来修饰他们的观点。当你请对方用正常人都能理解的方式解释他在说什么时，不要感到尴尬。如果他做不到，那是他的错，不是你的问题！

小贴士

有些人似乎一直遵循这样的原则——"能用 4 个字说明白的事情，一定要用 14 个字来讲"。当心这些人！

如果你认为，在某一领域是专家的人会在所有领域都是专家，那么当你依赖专家意见时，就可能出现问题。当然，我们知道，专家在某一特定领域知识渊博，但在其他许多领域，你反而比专家更为熟练。比如，不要听从学术专家关于汽车的观点（这是我亲身经历的一个极端的例子）。再如，我认识很多教授，他们都是各自领域的世界级专家，但我很难赞同他们关于谁是牛津最好的理发师的想法。事实上，他们的外表就让我很难听从他们在理发师这件事上的建议。

值得一提的是，媒体特别愿意听取某一领域专家的意见，并认为他们在所有领域都是专家。例如，电影明星经常就复杂的政治问题发表意见，常有人询问他们的政治见解，其实最好请政治领域的一些分析师来聊这些话题。

向专家询问其同行有什么看法总是明智的。我在课上总是小心翼翼地讲清楚哪些是已知的事实，哪些是大多数学者对问题的看法，哪些是我们尚不确定的，以及哪些是我自己的想法（这些想法并不总与其他学者的相同）。所以我通常会说："律师们的普遍观点是法院会以这种方式解释法律，但我自己的观点是，法院应该以另一种方式解读它。让我来说明双方的观点……"一个优秀的专家应该既能很清晰地向你解释他的观点，又能告诉你他所在领域其他人的观点。

不要在质疑事实时感到紧张。在你认为这些事实可能有误的时候，其他人可能也这么认为。在质疑事实的过程中，你可能会得出事实无误的结论。这意味着，辩论可能会朝着得出解决方案的方向发展。事实也很可能经不起质疑，但不去质疑事实，你永远不会知道答案。如果你心中有任何疑问，就要在进入下一步之前核实事实是否有误。

质疑结论

还记得鲍勃的观点吗？

"英国的平均气温正在下降，而不是上升，因此全球变暖的说法是无稽之谈。"

你可能会接受鲍勃的前提（英国的平均气温正在下降），但认为他的结论是错误的。例如：

"鲍勃，你说得对，英国的平均气温的确在下降，但是世界上其他很多地方的气温在上升。英国可能是越来越冷了，但这并不意味着全球没有变暖。"

当事实本身没有争议，但你认为得出结论的逻辑推导有问题时，质疑结论是有用的。特别是在由个别的事实推导出一般化的结论时（例如前文"教皇是天主教徒，反对堕胎"的例子）。报纸上时不时会报道一些案件，这些案件所产生的结果似乎是不公平的，"需要改变法律"的呼声自然就会高涨。然而我们必须小心，在现行法律下产生了不公平的结果，并不意味着在修改后的法律下不会产生不公平的结果。事实上，可能无论法律怎么规定，总会有一些不公平的情况发生。

因此，如果你想质疑某人的结论，你就得证明他们的结论不是根据前提得出的，也许那些前提还可以得出其他结论。质问你的辩论对手为什么得出了某一特定结论，而不是其他结论。我们来看看这个例子。

正确示范

鲍勃："你家孩子在我的课上老是打哈欠，显然他需要充分的睡眠。"

玛丽："他打哈欠可能是因为他觉得无聊，而不是累了。没有其他老师跟我说过孩子在他们的课上打哈欠。如果孩子累了，他肯定会在所有课上都打哈欠的。"

在这个例子中，玛丽有效地证明了鲍勃的前提（玛丽的儿子在课堂上打哈欠）可以得出许多结论。鲍勃断定这是因为孩子累了。然而，正如玛丽所说的，这个前提可以得出其他许多结论（孩子可能觉得课程无聊，或者厌倦了上课）。玛丽接着提出证据，表明鲍勃的结论不太可能比自己的正确。

质疑其他因素

在一场辩论中，清楚地说明你否定对方的论点，或是认为对方的观点有其他许多因素的干扰，是非常有帮助的。例如，两个人辩论在镇上新建一个超市是否会改善居民的生活质量。支持新建超市的人可能会说：

"这是个好消息，之后我们能在镇上买到的商品将比现在多得多。"

另一个人有两种选择。一种是反驳这一观点：

"我觉得新建一个超市不会改善我们的生活质量，超市开业将迫使许多原有的专卖店倒闭，我们最终的选择将变少。"

或者，他可以接受这一观点，但将对方的注意力吸引到其他需要权衡的因素上：

"你说得很对，商品的种类会变多，但是镇上的车辆也会变多。我们需要决定哪一个更重要——拥有更多种类的商品，还是拥有一个安静的环境。"

无论你是否同意对方的观点，都要尽可能表达清楚。否则你会发现，他们很可能会再次陈述他们的观点。

比较以下关于同一论点的两个例子。

错误举例

麦克斯："我们应该去我妈妈家过圣诞节，如果我们不去，她会很伤心的。"

苏珊："如果我们去我姐姐贝丝家过圣诞节，我们会玩得更开心。"

　　麦克斯："我觉得你没有设身处地地为妈妈着想。"

　　苏珊："我们应该想想我们自己最喜欢做什么。"

正确示范

　　麦克斯："我们应该去我妈妈家过圣诞节，如果我们不去，她会很伤心的。"

　　苏珊："你说得对，妈妈喜欢我们去看她。可我们过去三年都在她那儿过圣诞节，如果今年能去我姐姐贝丝家，肯定会很有趣。"

　　麦克斯："你说得对，我们在贝丝家总是玩得很开心，她是个很棒的女主人。今年圣诞节我们有什么办法两个人都见吗？"

　　第二个例子要好得多，因为双方都认为对方的想法很好，并表明他们接受对方观点中好的一面。

　　另一种常见的辩论技巧是通过强调共识来与听众结成同盟。我们来看看这个例子：

　　"我们都希望做出对公司最为有利的决定，因此我们必须支持这个计划。"

　　这一观点似乎在说，那些不支持该计划的人并不是在为公司谋求最好的结果。同样，来看看以下这个观点：

> "在这个房间里，我们作为穆斯林，必须抵制不道德行为，反对这个计划。"

同样地，听众会有这样的印象：支持该计划就是对伊斯兰教不忠。当然，这种印象可能有误，但这是一种使辩论听起来更有吸引力的技巧。

总结

请记住，在进行辩论时，你可以接受对手所说的事实和最初的结论，但仍然要找到有力的论点，使你的结论更能抓人眼球。通过从其他角度看问题，或是引入之前没有考虑到的其他内容，你可以让辩论按你的方式进行。跳出固有的思维模式，不要把自己局限在看待问题的某种既定方式中。富有想象力的辩论能够赢得胜利，因为你能找到比对方观点更为重要且精彩的论点。

实践

仔细倾听辩论对手的观点。看看他们是否理解了你的观点。什么问题真正困扰着他们？怎样的辩论对他们来说最有说服力？

CHAPTER 6

第 6 章

黄金法则六：
小心中计

有时人们在辩论中会耍一些把戏。来看看以下这些把戏，避免落入辩论对手的圈套。

在辩论中，你需要时刻保持敏锐、警惕、机警和好奇。

人身攻击

阿斯特子爵夫人对丘吉尔说："温斯顿，如果你是我的丈夫，我会在你的咖啡里下毒。"

丘吉尔："夫人，如果我是你的丈夫，我肯定会喝下它的。"

一种常见的辩论方式是回避辩论而开始攻击对方。对于那些喜欢灵巧的拉丁语的人来说，这有时被称为人身攻击（ad hominem）式辩论。来看看下面这个例子。

错误举例

阿尔夫："我认为我们在制定投资政策时要考虑其道德价值。"

苏珊："看看你的私生活，你可真是谈论道德的最佳人选呢。"

苏珊的回答不太可能有成效，而且会激怒阿尔夫，也不太可能吸引听众，事实上甚至可能使听众感受到阿尔夫的尴尬，转而默默支持他。阿尔夫的最佳对策是把注意力重新放在要解决的问题上。

阿尔夫："对于我的私生活，如果你愿意，我们可以改天再聊。我们现在讨论的是如何制定投资政策。"

当然，仅代表个人观点的回答在有些情况下还是恰当的，比如在讨论一个人的工作品质或个人道德问题时。然而，一般来说，相对于攻击论点，在攻击一个人时，你要格外谨慎。人身攻击很难给你带来什么好处。

小贴士

避免说出这些话。

- 你真是不可理喻。

- 你可真是自大。
- 与你辩论毫无意义。

谨慎归因

在统计和调查中，一个常见误区是人们想当然地解释某一事实的背后原因。例如，有些人认为人们应该结婚，因为未婚人群的贫困率更高。这些人认为人结婚之后会变得富有一些，但在这里他们假定了不结婚会导致贫困。我们其实无法做出这种假设，相反，或许事实是穷人不太可能结婚。同样，可能节食的人的确比不节食的人更为肥胖，但这并不意味着节食会让人变胖！这类错误在生活中很常见。

- 每当冰激凌销量上升时，鲨鱼袭击人类的事件也会随之增多。(所以吃冰激凌会让你对鲨鱼来说变得更加美味吗？)
- 随着财政部招募越来越多的经济学家，通货膨胀会更为严重。(经济学家会引发通货膨胀吗？)
- 随着婴儿词汇量的增加，他的胃口也会越来越大。(说话会让你变饿吗？)

如果有证据表明两件事是有联系的，不要假定其中一件事必然导致另一件事发生。正如这些例子所示，做出这样的假设可能会导致错误的发生。事实上，找到原因是非常困难的。关于是什么让人变瘦或变胖、是什么让人总是吸烟，人们进行了大量的研究。不出所料，答案是一系列因素。留心对方辩论中假设一个事实导致另一个事实的论述，这是找出他们辩论漏洞的一种方法。

我们很容易犯这样的错误：因为 A 是引发 B 的一个常见原因，所以如果 B 发生了，A 也会发生。来看看下面这个例子：

鲍勃一喝醉酒就不来上班。鲍勃今天没来上班，他肯定是喝醉了。

真实情况当然很可能并非如此。鲍勃没来上班可能是由于其他许多原因。逻辑学家称之为"确认结论"所带来的风险。当然，如果鲍勃经常因醉酒而缺勤，醉酒很可能是他缺勤的原因，但是我们不能想当然地如此归因。

当你辩论的时候，留心你的对手基于之前发生的事做出假设而展开辩论。在你接受他们的结论是正确的之前，先让他们证明实际发生的事情的真实性。

轻易否定

因为某个观点没有统计数据支持，就去否定这个观点，这也是有风险的。我们来看看下面这个例子：

为了寻找外星人，人类已经花费了数百万英镑，但一个外星人也没有找到，因此外星人根本不存在。

某件事没有得到研究证实并不意味着这件事是不正确的，或者这件事是正确的。许多伟人都曾思考过神是否存在这个问题，但得出的结论各不相同。没有人能够证明神存在，这并不意味着神不存在，就像没有人能证明神不存在也并不意味着神存在一样。

我们需要了解的重要的一点是，在缺乏证据的情况下，我们往往会依赖于我们所预期的正常情况。如果我告诉你我昨天见到了女王，并拿出一张我和女王肩并肩站着的注有日期的照片，就可能足以使你相信我说的是真的。然而，如果我说我昨天遇到了一个火星人，并拍了一张照片，这可能不会让你信服，我需要拿出大量证据来说服你。两者的差异在于，我遇到了女王这件事并非毫无可能，但大多数人从一开始就认为火星人并不存在。

同样，在工作中，有人可能会说贵公司与 X 公司的最后一笔交易做得不好，这并不意味着贵公司与 X 公司之间的所有交易都会失败。

不正当推论

辩论中一个常见的错误是"不正当推论"。下面的例子可以很好地说明这一点：

> 所有的素食主义者都不赞成吃肉。所有的素食主义者都担心全球变暖。因此，所有担心全球变暖的人都是素食主义者。

这一例子显然不符合逻辑。我们不能仅仅因为一些担心全球变暖的人是素食主义者，就认为所有担心全球变暖的人都是素食主义者。这是从一个事实到另一个事实的"不正当"推论。不要被这类论证所迷惑，仔细验证论述者是否已经假定在某个特殊人群中的所有人都是相同的。

伪造的选择

提供伪造的选择是辩论中常见的手段。它只给听者提供两种选择。乔治·W. 布什[⊖]（George W. Bush）在谈到反恐战争时就因如下这句话而出名：

> "你不支持我们，就是反对我们。"

这句话只向人们抛出了两个选项：同意或不同意。很显然，有人可能会部分同意，或者既不赞成也不反对这个提议，但这句话的表达方式为听者将这些选项排除在外。

⊖ 美国政治家，第 43 任美国总统。——译者注

父母们很快就会成为这方面的专家：

"你要么把蔬菜吃了，要么直接上床睡觉。"

事实上，孩子还有其他很多选择，但父母只给出了这两个。

以上两个例子都表明，"分歧法"（bifurcation）是一种非常常见的辩论方式，两种分歧中的一个通常令人非常不快。孩子不想睡觉，所以选择吃蔬菜。那些不愿与恐怖分子站在一边的人，只能选择与乔治·W. 布什站在一边——就算布什也曾说过这种话：

我告诉你们，有敌人想要再次袭击美国，再次袭击美国人。就是有这样的人，这就是现实。我希望他好自为之。

——乔治·W. 布什

有时，一个好的辩论者可以调整分歧重心。我们来看看这个例子：

"如果我们在这里修建一个新的火车站，它要么会荒废，浪费钱；要么会人来人往，而附近的道路没有如此大的承载量。"

一个好的答复可以是：

"如果我们在这里修建一个新的火车站，它要么鲜有人至，附近的道路能够应付交通；要么人来人往，成为一项成功的财政举措。"

此外，提供伪造的选择可以作为举证转移的一种特定用法，其中最著名的例子是帕斯卡赌注（Pascal's wager）。布莱斯·帕斯卡（Blaise Pascal）是 17 世纪著名的数学家和哲学家。他提出了一个他认为很有说服力的论证来说明为什么每个人都应该信仰上帝。这个论证是这样展开的：上帝要么存在，要么不存在。如果上帝存在，而你不信仰他，你可能会下地狱。如果上帝不存在，而你信仰他，你的生活可能会少一些乐趣，但你不会损失太多。因此，最好还是信仰上帝。这种论证的另一个版本有时会出现在有关气候变化的辩论中：

如果气候变化是人为造成的，那么我们减少二氧化碳的排放量就有可能拯救地球。

如果气候变化不是人为造成的，那么我们减少二氧化碳的排放量也只会遭受一些经济损失，除此之外再无其他了。

所有选择再次以两种方式呈现出来：一种选择具有潜在的可怕损失（永恒的诅咒、地球的毁灭）和微乎其微的收获（生活中乐趣的减少、一些经济损失）；另一种选择没有可怕的损失，但有巨大的潜在收益（永恒的生命、拯救地球）。这样看来，选择信仰上帝和减少二氧化碳排放量的论点似乎令人信服。

在许多方面，这些都是令人信服的论点，但即便代价只是一些轻微不便，有时也很难说服人们避免上述提到的可怕损失。

反驳这些论点的最好办法是指出，事实并不像上面提到的只有两种可能性那么简单。关于上帝，有一个问题是信仰哪一个上帝。世界上有那么多的神，如果你选择了错误的信仰，你可能还是会受到诅咒。类似地，关于排放二氧化碳的问题，辩论中隐藏了小幅度减少二氧化碳排放以减轻经济损失的选择。

反驳这些论点的另一个办法是探索事情发生的可能性。如果你认为一件事虽然可能发生，但发生的可能性很小，那么你可能会认为虽然上帝存在，但为了享受这个世界的"快乐"，冒着永远被诅咒的风险是值得的。然而，如果你认为气候变化很可能就是人为造成的，那么上述例子中的论述对你来说可能是压倒性的。

在面对一个含有伪造选择的论点时，首先要认识到它是什么：一个伪造的选择。你可以探索事情发生的可能性，以及寻找论点不像它们看起来那么简单的情况。通过这种方式，你可以让讨论更有意义，让论点更有深度。

概括性描述

做出概括总是轻而易举的：

"你从来不洗碗。"

"政客不明白贫穷是什么滋味。"

类似这种评论真是自找麻烦，因为总是可能出现例外。和你辩论的人很容易想出一个反例（"我上周日可的确是洗了碗哦"）。这时你的观点力度就会被削弱，实际上甚至会有人认为你是夸大事实或是撒谎。在上文的例子中，如果你想表明自己的观点，你可以用以下方式：

"你不经常洗碗。"

"许多政客不明白贫穷是什么滋味。"

当然，这些说法可能仍然不正确，但它们与上文的概括性描述相比，更有可能是正确的。

一定要注意个别案例的使用。我们来看看以下这种说法：

"现在每个人都这么粗鲁。就在昨天，一个人撞了我，没有道歉就走了。"

针对这一说法，很容易举出反例。你可以想出一个原因来解释这种明显的粗鲁行为——也许撞到他的人不会说英语，所以无法道歉。然而，通常更好的回应方式是举出一些自己亲身经历过的例子，来说明他人也许并非无礼。事实上，如果你试图证明一个概括性描述并不真实，你就会比那些支持这一概括性描述的人更有优势。

为了反驳这种说法——"所有英国人都擅长排队"，你所需要做的就是举出一个反例。然而如果你想要支持这种说法，通常需要使用单个案例（很可能是一次性案例）。

相似案例

一个关键的逻辑原则是：如果有两种情况是相同的，你必须要能说出不以同样的方式对待它们的理由。因此，一种常见的辩论方式是列举相似案例：

"你说我们应该阻止人们吸烟，因为吸烟对人体有害。那么你支持人们不吃高脂肪食物吗？"

这一论述非常公正。它有助于你明白为什么这个人会有这样的想法，还会揭露一个事实：他们的观点基于偏见。如果支持戒烟的人有如下回应：

"我很喜欢吃快餐，所以我不想禁止吃快餐。"

那么人们就有可能指责他们只想禁止别人的恶习，而不是他们自己的。他们需要找到很好的理由来区分这两种情况，否则只能同意两者是一样的。他们可以说：

"绝大多数吸烟者死于与吸烟有关的疾病，但很少有吃不健康食物的人死于他们不健康的饮食习惯。"

当然，支持这里的事实主张也是完全有必要的。他们也可以这样说：

"你说的完全正确。作为公民，我们有义务监督彼此的健康。所有明显不健康的行为都应该被禁止，比如吸烟或吃不健康的食物。"

要想让"相似案例"战术发挥作用，你可能需要站在一个观点看似奇怪但不一定错误的立场上。比如说，你坚持反对性别歧视，在你被问到"你认为女性应该申请成为拳击手吗"这个问题时，你的答案会是"当然，为什么不呢"。如果你坚信自己的原则，那么除非你有非常合理的理由放弃它，否则你就应该一直坚信它，即使有时候结果看起来很奇怪。然而要注意，你也有可能被戏弄："一个电影导演有资格拒绝让一个女人扮演温斯顿·丘吉尔吗？"答案也许会是："是的，只要导演不是因为她是女人而拒绝她扮演这个角色。如果其他候选人看起来更像丘吉尔，他们可能会更适合扮演这个角色。"

转移注意力

转移注意力是很重要的，主要做法是引入完全不相干的内容。

错误举例

萨米："你居然忘记了我的生日！"

拉杰："你知道吗，你生气的时候可真帅。"

很明显，拉杰意识到他没有理由忘记萨米的生日，因此试图开启一个萨米更为喜欢的话题：萨米的帅气。

事实上，这是在社交场合中应对可能发生一场争论的常见方法。

"和你的讨论真有趣，但恐怕我得准备出门了。我告诉过你我们要去看这部新电影吗？"

双方如果是朋友，通常都会很乐意避免讨论这些有争议的话题，转而讨论轻松愉快的电影话题。在通常情况下，转移话题就意味着放弃争论，去讨论一些其他话题。你要决定是否接受这一邀请。

有一些转移注意力的情况是故意要让你产生迷惑。

错误举例

阿尔夫："堕胎相当于谋杀，法律应该禁止这一行为。"

布莱恩："这话听起来有点刺耳，你为什么认为堕胎是一种谋杀行为？"

阿尔夫："堕胎就是在杀死一个孩子啊。"

布莱恩："可是它还没成为一个真正的孩子，它没有情感和思维。"

阿尔夫："好吧，布莱恩。我觉得你尚未为人父母，根本就不了解孩子。"

阿尔夫故意转移了布莱恩的注意力，布莱恩此时要做的是重新回到之前谈论的话题上来。

然而，并非所有转移注意力的行为都是巧妙的。我们重新看看拉杰忘记萨米生日的那个案例。我们肯定都曾因为某个问题想要责备某人，结果却发现他们一直在转移话题，顾左右而言他。这会让人非常恼火！双方都需要注意这一点，转移注意力可以用来作为一个明确的信号，来表明你现在不想和对方争辩，但你需要留心对方能否接受你的这种做法。

正确示范

萨米："你居然忘记了我的生日！"

拉杰："你知道吗，你生气的时候可真帅。"

萨米："谢谢你这么说，但我还是想谈谈你为什么忘记了我的生日。"

在辩论中使用转移注意力的方法也有许多风险。这是一个需要争辩的观点吗？如果这个问题现在不解决，它可能会永远被搁置在一边。现在是辩论的合适时间和地点吗？这场辩论针对某些有实际成效的话题吗？至少识别出一个可以转移注意力的情况，这可以为你继续话题提供一些选择——如果你在饮水机旁和上司讨论涨薪，陷入了僵局，此时转移注意力对你来说会是很有用的方法！

循环论证

这是另一种需要留心的狡猾的辩论手段。它用两个未经证实的事实相互支持，使两个事实都具有一定的可信度。我们来看看下面这个例子：

"上帝是存在的，因为圣经就是这样告诉我们的。我们可以信仰圣经，因为它是上帝所说的话。"

这几句话可能都是对的，但这个例子并非一个好的论证！基于逻辑的辩论要求我们从一个真实的事实开始，以此进行推理。这个例子的问题在于，A 只有在 B 为真时才为真，并且 B 只有在 A 为真时才为真。循环论证的另一个例子是：

"我比你更擅长辩论。你最后总会同意我是对的。你应该承认，和你相比，我才是辩论高手。"

隐藏事实

辩论中有时会用到的一个巧妙的技巧是：问一个包含隐藏事实的问题。对方在回答这一问题时就已经默认接受了某些事实。最为人所知的例子是：

"你已经不再打你老婆了吗？"

无论对方回答是或不是，他都已经承认了他曾经对老婆家暴或者现在还在打老婆。更微妙的一个例子是：

"你不道德的做法影响到公司的利益了吗？"

这是一种能让隐藏的事实被接受的狡猾手段。律师在法庭上经常使用这个技巧。

"那天晚上和你在一起的女人是谁？"

这个问题本身已经假设有一个女人存在，对方一不小心就会中计，承认这个事实。如果对方回答说"我不想讨论这个，这是我的私事"，他就已经承认了他当时和别的女人在一起。

如果你想从你的对手那里获取其他事实来推进辩论，提问有隐藏事实的问题就是一个巧妙的技巧。如果你想知道你的妻子是真的去健身房上健身课，还是她和布莱恩有外遇，你可以问她："布莱恩最近好吗？"

咬文嚼字

最让人恼火的辩论之一可能就是，辩论对手是喜欢咬文嚼字的人。律师和保险公司职员最喜欢咬文嚼字了，他们的论据都是基于他们所使用的语句的字面意思，而非普通人一般会如何理解这些语句。他们往往会这样说：

"我们曾经承诺过你，会为你提供一辆新车，但我们并没说过它会好开。"

一些话能让你轻易辨别出一个人是否喜欢咬文嚼字："让我们看看我的原话……""我只说了……"等。令人恼火的是，他们的话在法庭上往往很有分量。在合同纠纷中，他们只会受到他们承诺做的事的约束。事实上，如果你们的辩论话题走向讨论你是否违背了诺言，仔细考虑你曾许下哪些诺言就很值得。

那么你能对这种喜欢咬文嚼字的人说些什么呢？一种回应是看看你能否扭转局面。也许你答应给他们钱，但没说什么时候给。这样，你就可以反其道而行，向对方说："如果你要从字面意义上来履行义务，那我也会这样做。"这样一来，双方就有可能就如何理解合同达成一致。或者，你可以问他们说那些话的时候想让别人怎么想。一个很好的回应是建议他们在许下承诺的同时在行动上表达清楚。我们来看看这个例子。

正确示范

萨佳："我只是说过我会给你退款，可没说会全额退款。"

玛丽："可是任何被告知可以退款的人都会认为能够得到全额退款。"

萨佳："你得听清楚我说的话啊。"

玛丽："我听清楚了。如果你当时想要说清楚的话，你可以说这只是部分退款。我之所以没有特别强调，是因为我理解了退款这个词的正常含义。"

玛丽说得很对。她可能说服不了萨佳，但她说得很好。

有时候，最好放弃与咬文嚼字的人做过多争辩。

敌意联想

这种形式的辩论为，如果名声不好的人持有某个观点，这个观点就会受到质疑。例如：

"你不会想成为素食主义者的。希特勒就是一个素食主义者。"

这句话暗示支持素食主义的人与希特勒有所联系。当然，这根本不公平。邪恶的人偶尔也会有不冒犯人的观点，一个人很难做到在所有事上都犯错！

有时"敌意联想"更为微妙，它依赖于听者所持有的偏见：

"一个右翼智库成员建议减税，但……"

这样的发言是希望听众立即驳斥来自右翼智库的任何想法。同样地，如果公司的会计部门特别不受欢迎，你就可以说：

"会计部很赞成这个建议，可是……"

乞题魔术

人们经常抱怨"但你在回避问题的实质"。术语"乞题"（petitio principii）很常用，但很少能用得恰当。当一个人提出的论点实际上不过是对其结论的复述时，他就是在"乞题"。他们不是依靠前提来做辩论，最终得出结论，而是用结论来重新包装出另一个结论。

"堕胎是一种谋杀行为，因为这杀害了一个无辜的孩子。"

"杀害一个无辜的孩子"是一种谋杀行为，所以实际上，这里所做的一切都是重申结论，却制造了一种使用了论点的印象。你经常能发现这样的辩论，这时你可能会想"相信第一个观点的人也会同意第二个观点"。

错误举例

"这笔交易将让我们获得丰厚的利润。因此，我们将很快弥补我们的损失。那些认为这项协议会带来债务危机的人判断失误了。"

在这个论证中，只有当交易能获得丰厚利润时，交易没有危险的结论才是正确的。你经常可以发现"乞题"的论证，因为只要它的开头是正确的，就没有人会反对它。

滑坡谬误

这是一种常见的辩论方式。它集中在一个问题上：我们应该在哪里划清界限？例如，关于英国国家医疗服务体系（National Health Service，NHS）是否应该拒绝为那些因吸烟而患病的人提供治疗的辩论。你的辩论对手可能会说：

"如果拒绝，下一步会通向何处？我们会拒绝治疗那些超重的人、缺乏锻炼的人吗？最终只能得出这样的结论——NHS只会为超级健康、道德高尚的运动员提供治疗。"

在"滑坡"式辩论中，辩论者力图表明，在逻辑上没有划定界限的地方，一旦接受了一个例外，那么在任何地方都不可能合理地划定一条界限，因此你不得不接受一个荒谬的结论。

因为你不想接受荒谬的结论，所以你决定最好不要从滑坡中走下一步。例如，学校通常在制服等问题上有着绝对性的政策，因为它们担心例外一旦得到批准，就会有更多例外的请求。

在"滑坡"式辩论中，你提出这样的观点：一旦我们允许 A 的存在，我们也必须允许 B、C、D 和 E 的存在，因为没有充分的理由将它们与 A 区分开。如果你的论点是接受 D 或 E 的存在将是灾难性的，那么我们绝不允许 A 的存在，无论它本身看起来多么无害。

应对"滑坡"式辩论可能很困难。有两种方法可以尝试。

- **你可以否认坡是滑的**，表明你所划定界限的地方是合理的，不需要再去讨论其他的情况。

"我认为有宗教信仰的学生可以不必遵守学校的着装要求。这涉及宗教信仰，我们可以解释说，只有基于宗教信仰的例外是可以允许的，况且也不会有很多例外。"

- **你可以说到处都是滑坡**。这里的意思是，没有所谓合理地划定界限的地方，但界限必须在某个地方划定。举个例子，在英国，你必须年满 18 岁才能买酒。我们很容易证明这是一条随意划定的界限，18 岁生日的夜晚并不会有什么神奇的事情发生，这一规则可以被定为任何年龄。可以肯定的是，孩子不会在生日前一天的几个小时里神奇地突然长大。

在生活中，很多方面都是如此。拿超速行驶来举例，每小时 51 公里的速度真的比每小时 49 公里的速度要危险得多吗？可能并不会，但在限速每小时 50 公里的公路上，以前者的速度行驶可能会让你拿到罚单，而后者不会。所以我们要问的第一个问题是：是否需要在某个地方划定一条界限。比如我们不希望 7 岁的孩子买啤酒，也不希望道路没有限速，就需要在某个地方划清界限。在得出这一结论后，我们可以接受这样一个事实：无论在哪里划定了这条界限，都会在界限的任意一边出现任意的情况。另外一个问题是：这条界限划的位置是否合理。因此，关于购买酒精的年龄，我们相信，一般来说，18 岁以下的人缺乏做出购买酒精的决定所需的成熟度，而 18 岁以上的人拥有这种成熟度。如果这种说法正确，就可以有一个强有力的论点说：是的，这条界限是任意划下的，但我们必须在某处划下一条界限，而此处是设立这条界限的最佳地点。

要是……怎么办

辩论中的一种常见策略是创设一种可能引发灾难的荒谬情境。

"鲍勃建议我们搬到米尔顿凯恩斯，但要是全国铁路罢工怎么办？"

或者更夸张一点儿：

"这个金融计划看起来非常明智，但要是股市崩盘怎么办？"

这种形式的辩论很常见。它的本质很容易理解：它可以用来指出计划的行动方向可能存在的风险。然而，我们应该谨慎对待这一论点。事实上，任何想法都可能被反对，因为人们总是可以想象出一种可能听上去有点傻的反驳理由。"要是……怎么办"，人们总是可以这样问。例如：

"我们今年还要买圣诞礼物吗，要是明天火星人就登陆地球统治世界了怎么办。"

"要是……怎么办"适合用在这样的情况中：不仅存在潜在的灾难性后果，而且这些后果是现实的。假设你是"要是……怎么办"的反对者，如果你能证明还有其他同样好的替代方案，而且没有对方所说的缺点，那么你的论据就会更加有力。此外，许多"要是……怎么办"的论点都可以被反驳，你可以说如果一种可怕的场景出现了，无论现在情况如何，都会引起大麻烦。如果火星人登陆地球统治世界，买圣诞礼物就再也不会成为你要担心的事了！

"稻草男人"

辩论的战场上到处都是"稻草男人"的尸体（"稻草女

人"似乎很少受到攻击)。挑出一个可能被对方使用的相对弱势的论点并取笑它，这是在辩论中的一种强有力的修辞手段。我们来看看以下两个例子：

"我昨天读了一篇对手政党的文章，说我们应该提高税收，这样我们就可以花钱修缮白金汉宫了。我认为女王完全有能力照顾好她自己的房子，而不用向这个国家受压迫的纳税人纳税来修房子。所以我说'不要再提高税收了'。"

"人们对于让彼得·克劳奇⊖（Peter Crouch）在英格兰队担任前锋的最佳说法是他很高。然而，我们对前锋的要求是他们能进球，而不是他们的身高。"

这两段话都是为了让他们的辩论对手难堪，然而它们都是基于一个错误的假设，即反对者唯一可能提出的论点就是上述这些。在提高税收或挑选彼得·克劳奇作为前锋的问题上，当然可以用比上述内容更好的理由。

"稻草男人"辩论的一个版本是尽可能用最为极端的方式来描述对方的论点：

"我讨厌环境主义的政治家，如果可以的话，他们会关闭全国所有的工厂。"

"那些支持削减国防预算的人是想让我们的国家随时面临被入侵的危险。"

⊖　前英格兰职业足球运动员。——译者注

应对"稻草男人"辩论的最好方法显然是将你自己与荒谬的论点分离开来：

"我同意对方的观点，即通过提高税收来修缮白金汉宫是荒谬的，但我能想出比这更好的办法来使用税款。改善医院设施怎么样？你会同意通过增加税收来增加医院开支吗？"

"双误"论

你可能会遇到"双误"论："贿赂没什么，因为每个人都在这么做。""就算我们不向这个令人不快的国家出售武器，其他国家也会的。"然而别人在做某件错事，并不意味着你也要做这件错事。我们不妨想得极端一点，一个恋童癖患者说："我虐待这个孩子没什么大不了，就算我没虐待，别人也会这样做的。"我们都会认为他的这个观点很糟糕。

因此，要小心那些使用"双误"论的人，你自己也要小心使用它。它从来不是可以支持任何立场的理由。

沉默的力量

重要的是要意识到，在辩论中保持沉默也是一种选择。事实上，沉默可以成为一个重要的工具。我相信，我们都曾在某些会议上遇到过这样的情况：一个人说话的时间越长，我们就越不相信他的立场。尤其是在会议上，让别人继续把事情搞砸比试图干预更有价值。

当然，沉默是避免争吵的关键。正如据理力争的黄金法则二中所说的：每次辩论都要找到适宜的时机和情境。如果你不确定现在是不是合适的时间和地点，最好保持沉默。沉默本质上是模棱两可。对于对方所讲的内容，你既不会被认为是不同意，也不会被认为是同意。如果你不得不做出回答，你可以简单地说："我现在还没准备好讨论这个问题。"

当你觉得对方已经提出了一个很好的观点，而你还没有准备好回应时，沉默也是一种很好的回应。保持沉默可能会鼓励对方提出一个你可能有更好答案的观点。

沉默是最难反驳的论点之一。

——乔什·比林斯（Josh Billings）

停止运转

有时在辩论中你可能会觉得你不知道该说什么。如果出现这种情况，最好还是改天再辩论，这样你就能清醒一下，整理一下思路。如果无法做到这样，就记住一些你可以使用的句子。

> **实用参考**
>
> "你能用非专业语言解释一下吗？"
>
> "你的主要论点是什么？"
>
> "你是在回避问题的实质吗？"

当对方在应对你的问题时，你能有一些时间来思考你想说什么。

总结

要注意那些乍看上去很有说服力，但经不起推敲的论点。仔细想想这个人说的是否与事实相符。问问你自己，他们是否说明了某些事实，他们的结论是否来自这些事实。

实践

记住，要反驳任何论点，你可以挑战事实、挑战结论，或者找到比结论更为重要的观点。现在，你已经了解了辩论这门生意的陷阱和技巧，接下来可以在实践场景中处理每个问题，以便识别出对你不利的情境。

第7章

黄金法则七：
公共演讲

许多辩论发生在对话过程中，但有时也会有更为正式的情境。例如，你在会议上想要支持一项提议，或者你是在对一群人讲话。对于这些情境，这里有一些建议。

在公开场合讲话

- **做好准备** 我们已经在据理力争的黄金法则一中谈过这一点。在谈话中你也许可以糊涂一点，没人会怪罪你，但如果你进行公共演讲，最好提前掌握所有的事实信息。

- **勤加练习** 除非你在公共演讲方面非常有经验，否则你最好对所要演讲的内容反复练习。令人惊奇的是，我们常常发现，一个论点或笑话文本读起来也许很有意思，但说出来却毫无效果。

- **放慢语速** 在公共演讲中最常见的错误大概就是演讲者语速过快。你可能觉得自己说得太慢了，但很有可能事实并非如此。你还能回忆起有哪次你觉得某个公共演讲者语速过慢的情况吗？我觉得你大概回忆不起来，但你一定能回忆起某人在进行公共演讲时语速过快的经历。

- **做到脱稿**　我们都参加过演讲者照本宣科的公共演讲。这种演讲效果从来都不好，听上去生硬而尴尬。你可以做好准备，比如在笔记中列出要点，看到这些要点，你就能大致掌握自己演讲的框架。在手头预备一些要点笔记总是好的，一旦遇到意外情况，你会有更多的解决办法。

尽量避免做出这样的公共演讲：有开头，有结尾，而中间是一片混乱。

- **保持微笑**　如果你并不了解你的听众，就尽量早些到达演讲现场，尝试认识几位吧。演讲中能在听众群里看到熟悉的面孔着实令人鼓舞。在公共演讲的过程中，尽量看向不同区域的听众，不要只盯着一个人看，或者只对着一个人讲话。要是你可以来回走动，就尽量不要一直站在原地。

- **简洁明了**　尝试回忆一下据理力争的黄金法则三中所说的内容。我很少能听到内容既简洁又清晰的演讲，而总是听到一些内容冗长、表意不明的模糊故事。要记住，演讲的要义在于清晰地传达你想表达的观点，而非哗众取宠，或是展示你的口齿伶俐、才华横溢。

简明扼要地讲明观点才是你的主要目标。

在开始演讲之前，我有一些重要的事情要说。

——格劳乔·马克斯（Groucho Marx）

- **调节语调**　在演讲中要注意语调的变化，使用高音和低音，注意节奏变化，善用停顿。一直保持同一个语调会毁掉这场演讲。

错误举例

一位法官曾经说过："毫无疑问，这是我曾经在法庭上见过最无趣的证人……他一直以同一个语调讲话，他的语言单调而复杂，连法院的记录员都无法一直保持清醒……我真是受不了。"

- **让观众逐渐熟悉你**　如果你的演讲要持续一段时间，最好让观众逐渐对你感到熟悉。在开场时讲讲你来会场路上发生的小故事，或是媒体上的一些趣事，好让听众逐渐习惯你的讲话风格。不要以为一定要讲个笑话来开场，讲些轻松的小故事就好。

- **名人名言**　如果你在演讲中想要引用名人名言，尽量引用简短的语句。超过 30 个字以上的名人名言就容易惹人生厌了。

- **分发宣传册**　对于一些听众想要了解的作为数据支持

的详细信息，口头说一遍可能会让听众感到无聊，你可以将其呈现在宣传册中，它们也能帮助你突出演讲重点。最好是在演讲结束时分发这些宣传册，这样它们就能成为辅助信息，而不会分散听众的注意力。

- **使用演示文稿** 如果你在演讲时选择使用演示文稿，就要确保其信息清晰、重点突出。不要让听众被你的这些高科技搞得眼花缭乱，而无法专心听你的演讲。我发现在演讲中使用道具比呈现电脑图像效果要好。我在刑法课上会使用道具水枪。比起向学生们展示40多张演示文稿，全身淋湿能让他们更好地了解不同犯罪行为的细节。

- **警告信号** 留心反映演讲效果不佳的警告信号。听众是不是开始坐立不安？是不是无聊到开始在本子上涂涂写写？听众发出了嗡嗡声吗？他们开始玩手机了？如果出现了以上情况，不要感到惊慌，但你要有所行动。做些令听众感到出乎意料的事情。比如讲些你压箱底的小故事，或者暂停演讲一会儿，突然不出声通常都会吸引听众的注意力。停下来问问大家有没有什么想要问的问题。

- **用清晰、有记忆点的总结来结束你的演讲**

- **提问环节** 如果可以的话，在演讲的最后请听众自由提问。如果你被问到了一个很难的问题，你可以用这种话术来回答："这真是个好问题。我现在无法立刻做出详细的回答，我们稍后在茶歇时间可以好好讨论一下。"

在会议上做陈述

如果你要在会议上做一个简短的陈述，这里有更多的建议。

- 提前和要来参加会议的人建立联系，试着让与你志同道合的人加入会议。事先了解他们是否对你将在会议上所讲的观点表示赞同。
- 鼓励你的"支持者"在你做完会议陈述后马上表示支持。大多数人都不喜欢在一项提案得到支持的情况下发表反对意见，这可以让你先发制人。
- 既然要做一个简短的陈述，就使用清晰而简洁的架构。先说明你的陈述主题，再给出三个能被充分支持的理由（前提），最后再次说明你的陈述主题（结论），结束你的陈述。

总结

简明扼要是你在公共场合辩论的首要任务。除非你正在受训成为一名牧师或一名单口喜剧演员，否则你不需要在演讲中让人动情哭泣或捧腹大笑。你只需要把自己想表达的观点以清晰而有说服力的方式传达给听众。如果中途有机会能让听众笑一笑，那也很好，但不必强求。

实践

培养公共演讲技巧的唯一方法就是勤加练习。你肯定会犯一些错误，但犯错误就是你进步的机会。在演讲结束的时候，几乎所有的演讲者都会感受到自己有些部分讲得很好，有些部分讲得不好。因此，如果你觉得自己讲得并不十分完美，不要置之不理，事后问问朋友们的建议。然后继续多加练习。

CHAPTER 8

第 8 章

黄金法则八：
书面论证

如今大多数辩论是以对话或讨论的形式展现的。然而，在电子邮件和博客等互联网平台，以及商业和教育领域，正式的书面论证仍有一席之地。以下是一些关键性原则。

- **内容清晰**　请记住，内容清晰比堆砌辞藻更为重要。你不需要一写作就用些又长又复杂的句式。

  不要做一个喜欢使用冗长词汇、复杂句式的人！

- **拼写和语法正确**　现在用"但是"来开始一句话，或用介词来结束一句话，都已经不是什么"大忌"了，又不是在给你的语言老师写信。如果有必要，把内容清晰的优先级放在语法正确之前。丘吉尔曾经回复过一封语法正确但内容晦涩的信，他的这句回复广为人知：

  "你所使用的，是一种我无法忍受的语言。"

- **仔细琢磨你的开头**　读者通常会根据一篇报告开头几行的内容，来决定是继续仔细阅读，还是略读这篇报告。你一定想要写出抓人眼球的内容，你要说服读者认为你写的内容是很重要的。我曾经在一篇书评的开头这样写道：

"你是一位毛发浓密，有着低血压和书写障碍的医学律师吗？如果是这样，这本书就是为你量身定制的。你读不了几页，就会火冒三丈。你会扯扯自己的头发，操起键盘来发起愤怒的反击。"

我希望这样的开头能吸引读者的注意力，让他们有兴趣继续读下去。

- **内容简洁** 读者更愿意读一篇一页长的摘要，而不是一份几十页的文档。你要知道，十诫（Ten Commandments）全文只有 156 个英文单词。很多内容都能表达得很简洁。
- **用列出要点和分段的方式来整理出你的观点**
- **使用积极主动的语气** "我本以为最好要小心行事"可以表达为"我认为我们应该小心行事"，或者更好的表达是"我们应该小心行事"。
- **写完文本后，从头到尾读一遍** 设想你就是要读这篇书面论证文本的人。我记得我遇到过一名学生想要申请参加另一所大学的课程。他把他的申请文书发给了我一份，想要我提提意见。在这份申请文书中，他说申请这门课程是用于保底的，以防自己没有找到理想的工作。我请他设想一下如果自己是负责这门课程的教授，收到这样的申请文书会作何感想。这名学生的坦诚与真实是值得称赞的，但他没有考虑到课程教授在读到这份文书时的感受。不要轻易犯下这种错误。

电子邮件

收发电子邮件是与人交流的一个极佳方式，方便快捷，然而用邮件交流也很有风险。当你在用电子邮件或在博客上与人展开辩论时，一定要多加小心。

错误举例

媒体喜欢报道"电子邮件失控"的故事。一个臭名远扬的案例是关于一家律师事务所的两名秘书（KN和MB）的故事。KN给MB发了一封电子邮件，指责MB从冰箱中偷拿了自己的三明治（"包括火腿、几片奶酪和两片面包"）。那是KN的全部午餐了，KN要求MB做出赔偿。MB回邮件说自己没有偷拿三明治，一定是KN自己把它落在了别的地方。KN回邮件骂MB是愚蠢的黄毛。MB回邮件讽刺KN交不到男朋友。接下来的邮件内容越发不堪入目。没过多长时间这些邮件就传遍了整间办公室，很快传到了公司合伙人那里。最终这两名秘书双双被辞退了。

细微差别

用电子邮件来交流的一个难题是，它本质上是不出声的交流。这也就意味着那些在口头交流中出现的精微玄妙之处，落到文本上会消失不见。设想一下，你的同事刚刚提出了一个建议，你用邮件回复了以下这句：

"这个想法真是有趣呢。我们在新的一年琢磨一下这个想法吧。"

你可能以为自己给出了一个非常积极、振奋人心的回复，但同事可能觉得你是在用讽刺的语气说出这句话，觉得这个提议很傻，根本不必再做考虑。在面对面交流的时候，无论是通过对方的语调还是肢体语言，我们都很容易分辨出对方是不是阴阳怪气，而所有这些细节信息在我们用电子邮件沟通时都无法接收到。

说一句话时，把重音放在不同的位置，这句话的意思会大有不同。尝试对比以下两个句子。

第一句："你愿意接受那个提议？"
第二句："你愿意接受**那**个提议？"

在第二句话中，说者强调"那个"表示他感到惊讶——对方居然对那个提议很感兴趣，而如果不加强调，这句话听起来就只是一个简单的问题而已。同样地，不同的人对一句玩笑话会有不同的理解。

因此，当你通过电子邮件辩论时，仔细读读你写的内容，尝试尽可能以消极的语气阅读，多改写几次，确保语言积极，不会产生歧义。如果你不放心，可以在结尾附上这样的话："我怕你在读这封邮件的时候觉得我在生你的气，请不要误会，我一点儿也没有生气。我们只是需要把这些事情讨论清楚。"

咄咄逼人

我相信我们都有过这样的经历：火急火燎地在气头上发出电子邮件，没过一会儿就后悔这么做了；或是回头看自己前几天发出的邮件，并为自己的无礼感到震惊！以下是避免这些情况发生的一些建议：

- 如果你在写电子邮件的时候正在气头上，写完后先发给自己，等自己冷静下来之后再来读读这封邮件，设想如果自己收到了这样一封邮件会作何感想。
- 如果你怀疑自己写的一封电子邮件有点咄咄逼人，那么它大概率就是这样！一般来说，邮件中的语气会比你想象中更为强硬。
- 请记住，收到你的电子邮件的是活生生的人，思考一下自己能否面对面对他讲出电子邮件中所写的话。
- 你可以把这封邮件的草稿发给朋友们，征求他们的意见。

● 好好考虑一晚再说！

博客

博客、论坛已经成为展开辩论的热门场所。确实如此，在这些地方，对某些特定问题感兴趣的人聚集在一起，相互交流意见。当大家和和气气、交流顺畅时，这种方式可以为人们提供有用的信息，方便彼此交流想法。你甚至可以把它视为一种可以让很多人了解你的观点的方式。

然而你要小心！要知道，这并不像是口头聊天，你在博客、论坛这些地方发表的观点，所有访客都可以看到，也许他们永远都可以看到。所有不够准确的数据、刻薄的回复、不明智的观点，都会展示给所有访客，供大家反复阅读和参考。大多数博客可以匿名发布，这可能是比较明智的一种方式，如果你发表了一些日后可能会感到后悔的言论，你可以得到一定的保护。

博客似乎确实能激发人们好争执的一面。最好是针对辩论的问题本身做出回复，而不要针对个人评论。避免发表咒骂或是明显会冒犯到他人的言论，这对你没有任何好处。我想一些人在博客上发表言论时大概忘记了他们是在和人交流，大多数人都非常敏感，一点点批评都可能被无限放大。所以当你发表评论时要注意语气，别人对你无礼并不意味着你也要对别人不讲礼貌。

将你想要发表的内容单独整理成一份文档，仔细检查用词后再粘贴到博客或论坛上。你会发现这样做非常值得，这样你就可以检查其中是否有明显的拼写错误，以及你是否发表了一些日后会感到后悔的言论。

总结

学会用清晰而直接的方式撰写辩论稿，不要一直想着卖弄文采，或是让简单的事情复杂化。写出短小精悍的句子，让你的文字简洁而切中要害。

实践

在写完一封信或一份文档后，看看能否用之前一半的字数将其改写。多多向那些你认为内容简洁、言之有物的文章学习，看看能否有所收获。研究一下，它是怎样成为一篇好的文章的。

CHAPTER 9

第 9 章

黄金法则九：
化解僵局

在很多辩论中我都建议"不要强迫双方达成一致"。通常没必要让辩论对手立刻同意你的观点。能听到对方说出"噢，我现在知道了，你说得对，是我想错了"，这的确让人自我感觉良好，但强迫对方做到这一步没什么意义，让他们多思考和复盘一下辩论观点似乎更为有效。他们一旦想通了，有了自己的立场（而不是在你的威逼利诱下同意你的观点），就会更加坚持自己新建立的信念。当然，他们可能会受你的论点启发，当场同意你的观点，但你一般不需要强迫这件事发生。给对方时间来思考，并欢迎他们日后和你进一步讨论相关问题。

然而，在有些情况下你想要推进双方在某些事上达成一致，特别是在一些商业情境中。想要获取关于这方面的更多信息，你可以阅读一些关于销售的商业图书，比如不妨读读L. 汤普森的《谈判者心智》(*Mind and Heart of the Negotiator*)。

惯性

大多数专家都会这样认为：使双方达成一致的一个很大

阻力就是人们的惯性。你可以很轻松地说服一个人，如果他能换一辆新车、买一台新的洗衣机或者其他什么东西，他的生活会过得更好，但这个人一般很难马上做出行动。这就是为什么杂志社喜欢客户在订阅杂志时采取分期付款或银行定期自动付款的方式，因为这样客户就需要采取行动来取消订阅，而杂志社不再需要每年说服客户续订。

如果你想结束一场辩论，这里有几点好的建议。

- 给人们营造一种你所提供服务的有效期很短的印象。房屋中介一般都会在橱窗张贴"已售出"的房屋示例，这样做不是没有原因的。他们想让潜在客户产生这样一种感觉：要是看上了一栋房子，就要赶快行动，否则马上会被别人捷足先登。如果你和建筑商产生了争执，你可以尝试这么说：

"听着，我希望今天我们就把这件事解决清楚。要是我们到此为止，我立刻付你150英镑，但如果你不满意，你就去法庭起诉我好了。"

- 给人们营造一种每个人都在或将要购买这个产品的印象。利用潜在顾客害怕"来不及购买"或"跟不上潮流"的心态，这是很多销售团队都在使用的技巧。
- 利用一个人对自我形象的认知。说服潜在顾客，购买这个产品能帮助他做真正的自己。最近我就在街上被人拦了下来，他对我说：

"你天生就是会关心别人的人，请为还在饿着肚子的孩子们捐些钱吧。"

这句话给人的感觉是，如果我这时候不捐钱，就说明我是那种并不关心他人的人。许多机构和团体也喜欢使用这种策略：

"发生了这种事，我们还要去那个犹太集会吗？"
"这是我们想要居住的社区吗？"

- 让人感到难为情有时可以成为一种有效手段。来看看这段苏和前夫汤姆之间的对话：

> 苏："3 月份你能照看孩子两个星期吗？"
> 汤姆："实在抱歉，苏，我恐怕办不到。"
> 苏："那么 3 月的第一个周末你可以照看孩子吗？"
> 汤姆："嗯，我想这个我还是可以做到的。"

汤姆在拒绝了苏的第一个请求之后会感到难为情，就很难再拒绝她的第二个请求了。要是苏一上来就请汤姆在 3 月的第一个周末来照看孩子，汤姆会更容易拒绝。这种技巧可以在相当多的辩论情境中使用。

- 有人说，奉承和称赞能让人如愿以偿。这可能有点夸张，但它确实有些用处。

> 布莱恩："去年你的摊位经营得真不错，今年你能再创辉煌吗？"

折中

在一场争论中，双方倾向于达成折中协议。如果建筑商的施工要价为 200 英镑，而你只愿意支付 100 英镑，那么讨价还价到 150 英镑这个价钱似乎在所难免。不要上当，想当然地认为事情就该如此，如果你坚信 100 英镑是合理的价钱，就坚持自己的想法。如果你相信你的提议是合理的，就不要被别人提出的更为极端的提议所影响。事实上，他们很可能故意提出极端的报价，希望你增加报价，这样他们多少能多得到一点儿。

> **小贴士**
>
> 要抵挡住"达成折中协议永远是合理的做法"这种观点。

很多英国人都有着温和的中庸做派，这似乎是由他们的性格特质所致。虽然在很多情况下，这样做很明智，但还是要小心，你应该定下自己认为公平而合理的价钱。来看看下面这个能避免对方抱怨的例子：

"我本打算提出涨薪 10% 的请求，但考虑到公司最近的盈利状况不够理想，我意识到自己这一要求不够合理，因此我决定只请求涨薪 5%。"

这种说法就很明智了，公司很难要求这位员工再次降低其请求涨薪的比例。这样就算对方说出"公司正处在艰难时期"的理由，这位员工也表现出了自己已经考虑到这一点。

选择

在任何辩论中都不要忘记自己有哪些选择，也可以想想辩论的对方拥有哪些选择。

> **小贴士**
>
> 问问自己，如果双方无法达成一致，会对自己有什么影响。

如果你在买车时无法说服销售人员给你更低的价格，那就想想自己如果不买这辆新车会怎么样。如果旧车其实还能开，在和销售人员交涉的时候就要时刻提醒自己这件事。这样如果销售人员无法接受你所提出的价格，想想自己反正还有别的选择：旧车还能再开一段时间。如果你向老板请求涨薪未果，就想想自己现在有跳槽的机会吗？如果有的话，接下来你可以更坚定一些，继续推进涨薪事宜。如果你没有其他的工作选择，就至少要确保自己不会因沟通涨薪而丢掉现在的工作。

我们再来举个例子。试想你现在正在为买房而争辩，你和卖家在价格上谈不拢。这时你有哪些选择？现在买下这栋房子对你来说究竟有多重要？卖家是不是只能把房子卖给你？如果有很多买家想要以更高的价钱买下这栋房子，你的报价就不占优势了，一味坚持自己的报价也没有什么意义。如果这栋房子没有什么买家，你也不着急搬入新家，那么你可以继续坚持自己的心理价位。

如果你还有其他更好的选择，一定要让对方知道。

"如果你不愿意接受我对这辆车的报价，那也没关系。我在另一家车行也看到了一辆喜欢的车，我可以再去那边看看。"

目标

你可能认为自己知道想要从辩论中得到什么，但是仔细想想，你真正的长期目标是什么？不要把你的谈判立场和你的基本利益混为一谈。你可能认为以 40 万英镑出售这栋房子对你来说很重要，但你是怎么得出这个数字的？使你选择这个数字的长期目标是什么？通过思考长期目标并专注于它，你可能会发现其他选择。如果你想要涨薪，仔细思考一下你真正想要的是什么。是提高社会地位吗？到底是钱的问题，还是你想要比别人薪水高？想要满足这些需求，除了直接涨薪，可能还有许多其他办法，比如多多加班，考虑做自由职业者的机会，多做几种工作或者改变职称，分析了需求的背后原因，你会发现这些都是可以选择的解决方案。

僵局

如果经过充分的辩论和讨论之后，事情仍然陷入僵局该怎么办？人们很容易选择留下这个烂摊子，置之不理，不去解决问题。其实就算是最初辩论未果，也还有其他很多解决方案。

1. 请求第三方的支持。在商业世界中，请第三方来做出判断并解决争议是很常见的做法。就算是你与朋友之间的私事，你也可以请一个你们共同的朋友或是你们都信赖的人来从中调解。当然，往往最终法庭充当了这样的角色，但要是你能找到非正式的、花费更低的方法来解决争议，那也未尝不可。
2. 秘密出价。如果是付款纠纷，可以使用很多种方法。一种很常见的方法是让双方各自不公开地写下他们的最高出价，如果两个出价的差值低于15%，就取平均

数为最终出价；如果差值高于 15%，则请第三方来判
断哪一个出价更为合理。还有一种方式是请双方出价，
最后采取与专家评估的最为接近的数值作为最终出价。

3. 抛硬币。这种方式简单而老派，但有时确实有效。

4. 按顺序。在一个著名的关于大量"椰菜娃娃"玩偶的
所有权的诉讼案件中，法官要求所有的玩偶"出席法
庭"，妻子先选一个归自己所有，然后丈夫再选一个，
以此类推，直到把所有玩偶分完。

5. 还有一个著名的案例：所罗门王有一次需要在两个女
人中判定谁是婴儿的母亲。他下令要把孩子切成两半，
这时其中一个女人大声反对，说如果非要这样的话，
她愿意把孩子让给另外一个女人。所罗门王判定，这
个大声抗议的女人一定是孩子的母亲，她应该拥有这
个孩子。

总结

如果你不需要双方强行达成一致，就不要强求。给对方
更多的时间和空间来思考你所说的话。如果你迫切需要双方
达成一致，仔细考虑一下在此之后你真正想要的是什么。如
果事情似乎陷入了僵局，从侧面考虑是否有其他方法可以帮
你得到真正想要的东西。如果所有的方法都失败了，可以考
虑上文提到的方法。

实践

如果你曾不情愿地被迫与对方达成一致，想想对方是怎么做的。你本来可以做些什么来避免这一情况发生？永远要以大局为重，考虑在未来一年的时间里，双方是否达成一致对你有什么影响？它是双方长久合作的其中一个环节吗？如果是这样，就没必要因为有一次无法达成一致而损害长久的商业关系。

CHAPTER 10

第 10 章

黄金法则十：
维系关系

任何辩论都要放在更为广泛的关系情境中来考虑。在展开一段辩论之前，你要考虑辩论双方过去关系如何、未来关系会如何。你们之间的辩论和可能产生的结果会如何影响你们之间的关系。在这些方面有很多值得思考的东西。

究竟辩论什么

重要的是要明白，你们真正在辩论的通常是辩论主题背后的问题，而非辩论主题本身。弄清楚眼下要解决的问题是不是你们真正在讨论的问题是很有必要的，还是说真正需要讨论的是别的问题。很多人都发现他们和别人产生的争论实际上反映了双方潜在的紧张关系或是一些隐性的困境。放在洗衣篮里的袜子所引发的争论实际上可能揭示了一方对双方关系的深度忧虑。在业务谈判中，一家公司谈判人员的态度看上去非常强硬，这是因为他们上次在和你谈判时感到困难重重，还是他们的公司最近正处于艰难时期？如果是这样，你要如何处理这笔交易呢？

你想得到什么结果

我想提出的第一个观点是：很少有人能彻彻底底地赢得辩论。经过一番讨论之后，你的对手不太可能会说"你知道吗，原来我这么长时间以来都是错的，现在我知道了你一直都是对的"。一般来说，当辩论双方各自做出某种妥协之后，辩论就结束了。

是否维系友谊

在一篇关于如何赢得辩论的诙谐文章中，一位美国记者写道：

设想在一场聚会上，几位知识分子正在讨论秘鲁的经济问题，而你对这个话题一无所知。如果你只是喝了几杯像葡萄汁一样非常健康的饮料，你可能不会上前加入讨论，因为害怕暴露自己的无知，你只能眼看着女朋友被他们迷住。可是如果你喝了几大杯马提尼，你会发现自己对秘鲁的经济问题有很多'高见'，你的脑中会有很多信息，你会猛烈地输出自己的想法，提出尖锐的观点，甚至可能会拍桌子。人们可能会对你印象深刻，有些人甚至会悻然离场。

——戴夫·巴里（Dave Barry）

你很容易赢得一场辩论而失去很多朋友。在辩论时要注意对方是谁。

道歉的重要性

在辩论中有时需要道歉。有时你就是做错了，除了承认错误和道歉，没有什么别的好办法。拒绝道歉会让你显得很自大，如果要得体而有诚意地向对方说抱歉，应该包含下列要点：

- 清晰。"很抱歉让你感觉受到了不好的对待"这句话根本不是在为已经做出的无礼行为道歉。政客很擅长说这种话，细细琢磨起来这并不像是道歉。真诚地表达歉意，一定要明确地承认自己曾经做了不好的事。
- 说出该如何改正错误，或者做出解释，为什么错误无法得以改正。

真诚的道歉应该包含以上这些要点，但有些时候（尽管这样并不好），简单地进行某种形式的道歉也是有用的。你可以这样说："我知道我做的或说的让你真的很难过，但我从来都没想要伤害你，我感到很抱歉。"这样做承认了伤害已然造成，并避免了两人展开关于谁对谁错的争论。

关系的重要性

在很多情况下，维系关系远比辩论的输赢更为重要。在商业情境中，你也许会凭借自己咄咄逼人的辩论榨干客户的钱，但你可能会从此失去这个客户。做成一桩对双方来讲都公平合理的交易，能够更为有效地维系一段长期的商业关系。

作为一名消费者，我去过无数的汽车修理厂，每次去我都会担心自己挨宰，所以我从来都不敢相信他们。我现在频繁光顾的这间修理厂，在和他们打了几次交道后，我开始相信这里的汽车修理工了——有好几次他们都免费帮我小修小补，收费也比较合理，我就成了他们的终身客户。

我相信我们都会因为从一家公司得到了很好的服务时，而把这家公司推荐给朋友，为他们介绍生意。然而这需要客户对与公司达成的协议感到满意，如果客户感觉自己是被迫签订合同或是被迫对协议感到满意的，就对客户关系和公司的长期业务发展都没有任何好处。

我曾记得这样一件事，一位员工想要加薪，他非常努力地想要得到我认为过高的涨薪幅度，我同意了，但当第二年公司有一轮大规模加薪时，我决定不给他和其他同事一样高的涨薪幅度，只因为他上次提涨薪时"做得太棒了"。我后来算出，如果他第一次没有那么迫切地想要涨薪的话，他的待遇应该会优渥很多。

输掉辩论

你不可能在每次辩论中都赢得胜利。这是我最想给出的忠告，之前我也曾提醒过各位，在辩论时要小心，很多与你辩论的人都想通过赢得辩论来从你手中拿走一些东西。正如我们所见，有很多方法可以用来欺骗你或让你筋疲力尽。以下是其中一些方法：

- 你可能会被一些重要事实所误导。不要随意相信别人告诉你的统计数据。
- 那些说服你的论点可能也存在逻辑缺陷。
- 对方可能会提出一些你想不到的反对意见。
- 你可能已经被这个论点的情感诉求所压倒，以至于没有考虑到它的优点。
- 你可能只是累了，不想再继续辩论了。

因此，不要轻易承认自己的失败，特别是当这场辩论会影响到你的经济状况或是让你有丢掉工作的风险时。除非有紧急情况，否则是没有人会反对你说出下面这句话的：

"你说的话中有很多值得思考的东西，而且你的理由很充分。我得暂时离开，好好思考一下我们刚刚讨论的话题。"

事实上，如果有人对此不满，你应该怀疑他们是不是有事隐瞒。他们是不是在担心你发现了对他们不利的事实。

也许你只是需要接受失败。很多人在这种情况下都想挽回面子。

"非常抱歉，我想我不太明白我们在辩论什么。我以为我们在讨论这件事，但你以为我们在讨论那件事。"

还有一些人只是想马上结束辩论，毫无风度可言：

"我实在不想和没有智商的人斗智斗勇。再见了。"

这种言论在当时听起来可能很聪明，但几乎不会带来任何长期的好处。值得注意的是，在承认败给乔治·W. 布什时，艾伯特·戈尔[⊖]（Albert Arnold Gore Jr.）表现出了相当的风度，他的声誉也因此提高了。

赢得辩论

如果你赢得了辩论，那你真的值得夸奖！然而在你获得胜利的时候，你也应该有风度。本书的第二部分会谈论更多相关问题。如果在赢得辩论时你以居高临下的态度对待对手，那么你可能会赢得辩论而失去朋友。

总结

与你的对手保持良好的关系比在辩论中取胜更为重要。也许你在这次辩论中没有说服他，但你还有其他很多机会；

⊖ 美国政治家，曾任美国副总统。——译者注

就算这次你说服了他，你也无法在所有问题上都说服他。争论很可能会使一段关系破裂，不要让这种事情发生在你们身上。在辩论时一定要嘴下留情，这会巩固你们之间的友谊，而不是让你们的关系走向破裂。

实践

　　维系关系比说服他人更重要。不管你在与人辩论中是否取得了胜利，你总是希望能够和别人保持良好关系的。如果你在一场辩论中取得了胜利，不要对对方颐指气使，要保持友好关系；如果你没有取得胜利，也不要做一个输不起的人。最后无论结果如何，都要让你们的关系热络一些，一起出去玩一玩，或是一起去喝杯咖啡，开怀大笑。

PART 2

2

第二部分

经常发生辩论的情境

在前面的章节中，我已一一列举了据理力争的十条黄金法则，接下来我们来看一些具体情境，以及如何将这些法则应用于这些具体情境。它们可以在你申请涨薪、与爱人争辩，或是和医生交涉时帮到你。也许并非所有这些情况都与你有关，但你可能会遇到其中的大部分。

11

如何与你所爱的人辩论

与伴侣或者其他家庭成员之间的争论复杂而令人痛苦，还有可能持续数年，这些辩论可能是你人生中最为重要的辩论了。不过令人感到安慰的是，你在这方面有大量的实践机会，我所认识的夫妻都发现双方经常相互争论，似乎永远吵不够。

错误举例

沙姆里塔："你又把袜子到处乱放了。"

苏尼："我不会阻止你去捡的，尽管……"

沙姆里塔："你把我当成什么人了，你的保姆吗？"

苏尼："是啊，你好像就把我当个孩子看待。"

沙姆里塔："要是你能成熟一点，我就不用这样了！"

苏尼："咱们家一贯如此，只有我在工作挣钱。你整天在家里闲逛，唯一让你操心的就是我的袜子了。你得有自己的生活啊！"

沙姆里塔："你说得对，我的确需要开始自己的生活了。我被你和这个家困住了，也许离开你是我应该迈出的第一步。"

这个例子向我们展示了，在最琐碎的事情上争吵是多么容易失控，并逐步升级到本质问题。

事实上，辩论也可以对一段关系有促进作用。通过辩论，双方能够了解到对方真正关心什么。辩论可以为敌对情绪提供发泄的渠道，否则这种情绪可能更为恶化。在所有关系中都要有界限和限制，如果有一方总是一意孤行，这段关系就称不上是良好的关系。如果妻子总是屈从于丈夫，那么这段关系相当不幸。一名英国法官曾经说过："在婚姻中，妻子和丈夫成为一体，而丈夫就是那个主体。"这在现在来看已经成为一种过时的、让人无法接受的亲密关系模式。关系就是给予与索取——靠双方的共同努力。争论给了你们机会来平衡双方利益。

> 大多数夫妻都不是因为上百件事不合而吵架的，而是为一件事吵架，吵了上百次。
>
> ——盖伊·汉德瑞克（Gay Hendricks）

与伴侣辩论

以下是针对与伴侣辩论的建议。

- **想想据理力争的黄金法则二** 选择正确的时机和情境。你一向都知道伴侣的小缺点。我太太就知道，在我很饿的时候不适合聊一些敏感话题。如果你想和伴侣讨论一个重要问题，尽可能在双方比较放松，时间也充足的时候开启话题。我知道……也许这根本不可能，但至少你要尽力而为。

- **想想据理力争的黄金法则三**　关键不在于你说了什么，而在于你怎么说。别总是发脾气。在据理力争的黄金法则三中我提到了许多关于如何保持冷静的技巧。如果你觉得自己要生气了，就和你的伴侣保持一定距离，让自己先冷静下来。发脾气不仅伤感情，还对身体不好。

- **永远不要使用暴力**　永远不要打你的伴侣，不要扔东西或者威胁他要伤害他的身体。如果你害怕自己会变得暴力，或者你曾经有过暴力行为，那么尽快寻求专业帮助。如果你的伴侣曾经对你施加暴力，就仔细考虑一下，离开这段关系是不是更好的选择。所有的证据都表明，那些曾经对伴侣施暴的人会反复施暴。一个有暴力倾向的伴侣常常抱有深深的歉意，却总是在下一次出手更重。

- **想想据理力争的黄金法则四**　倾听，再倾听。在伴侣讲话的时候仔细倾听是对他的尊重。不要打断他讲话，不要总是想接话。当你的伴侣提出合理的意见时，接受意见并承认他说得对，告诉伴侣你已经听进去了，也接受他所说的。伴侣之间在争吵时常常急于列出对方的缺点，而不去仔细倾听对方所说的话。

- **试着说出你的感受** "我有时候觉得，你更关心你的工作，而不是关心我"，这种说法要比"你只关心自己的工作，而不关心我"更温和一些。将辩论重点放在你的感受上，这样你就不是在评判和指责对方，而是在说出你的感受，这为双方准备和解打开了一扇大门："我很抱歉你会有这样的感受。比起工作，我当然更关心你。我知道我最近的确每天工作到很晚，但是……"

- **关注未来，而非过去** 在亲密关系中，老是翻旧账没有多大意义。今后应该如何处理引发摩擦的那些问题？不去指责对方也许会有帮助，但更关键的是向对方提出要求。"今后，你可以吃完午餐就把碗碟装进洗碗机吗"，这样的表述远比"你从来都不帮我洗碗"更为有效。专注于过去会让人抱有歉意、心生愧疚，也会催生人身攻击，让人感到受挫和愤怒。着眼于未来能帮助双方在不伤害彼此关系的情况下解决问题。

- **尝试从伴侣的角度思考问题** 认可你的伴侣为你们之间的亲密关系所做出的贡献。"你整天都要照顾孩子，我知道没有什么比这更累人的了，但是……"肯定对方做得好的地方，明确地表示你爱他、尊重他。

- **慢慢来** 如果你意识到你们的讨论陷入了僵局，和伴侣商量一下，不妨花点时间思考一下你们之间的争论，可能会有更多之前你们并没想到的选择出现。让你的伴侣明白,你并非在试图回避问题。约好重新开启讨论的时间,比如"明天早上等我睡醒后,我们再来讨论这个问题"。睡醒后再来解决问题,能让人有新的思路。相信我们都有过这种体验——第二天早上醒来后,奇怪自己昨天怎么会为那些鸡毛蒜皮的小事和伴侣吵架。在当时,牙膏应该放在哪里似乎很重要,但到了第二天,这一切看起来就很愚蠢了。然而,解决事情,不要总是推延否则只会掩盖潜在问题。

- **设定时间限制**　在讨论中设定时间限制很重要,这样如果你们到一定的时间还没有解决问题,就说好以后再讨论这个问题,然后一起做些有趣的事。

- **要注意真正的问题是什么**　在亲密关系中,鸡毛蒜皮的小事经常会引发激烈的争吵,但这些小事常常能够反映出关系中的重要问题。关于牙膏应该放在哪里所引发的争吵可能反映出一个更为广泛的问题:关系中的一方觉得另一方并不尊重他,或是觉得另一方想要控制他。我们在沙姆里塔和苏尼的争论中能看出这一点。起初他们之间似乎只是因为袜子而争吵,后来我们慢慢发现他们之间显然还有其他很多问题。苏尼觉得沙姆里塔总是想要控制她,沙姆里塔似乎觉得苏尼每天待在家里的生活并不充实。这些都是他们之间的主要问题,这些问题如果得不到解决,他们的关系可能会走向破裂。他们首先要迅速解决关于袜子的问题，更为严重的问题需要在未来有时间的时候进行更长时间、更为严肃的对话。

> 苏尼："我们能够开诚布公地讨论这些事，这样很好，未来我们需要更多时间来进一步讨论它们。我下次会记得把袜子放进洗衣篓，因为我总是赶着去工作，所以常常忘记这样做，但我会努力做得更好的。但是，也许明天我们可以多花点时间，在总体上讨论一下我们的生活状态。"

和解

● **想想据理力争的黄金法则十**　也许你觉得你的伴侣压根不讲道理，或者总是提出一些微不足道的要求。这时你要明白，相比这些鸡毛蒜皮的小事，你们之间的关系更为重要。你最好尊重伴侣认为重要的事情，即使那些事对你来讲不值一提。在我们看来，苏尼真的会为了能肆无忌惮地扔袜子，而不惜伤害与沙姆里塔之间的感情吗？如果在收好袜子这件事上做出一点点努力，就能维系这段关系，这样做难道不是非常值得的吗？不要误入歧途，老是想着"我的权利"，你的权利在宏大的政治辩论中也许十分重要，但在亲密关系中，如何作为一对伴侣并肩前行才是最重要的。

- **要宽容**　当你和一个人成为伴侣时，你会看到他最为脆弱的一面。你会看到他筋疲力尽、极为沮丧的样子。我们都需要在某些时候能放下心防、不再伪装。当伴侣们这样做的时候，他们能够看见彼此脆弱的样子。因此，不要期望对方或者自己是完美的，要宽容和理解对方与自己。

- **时刻准备好说抱歉**　像我们刚才说过的，你无法期望对方是完美的，也无法要求自己很完美。时刻准备好说抱歉吧，立刻说上一句"真是对不起，我刚才不应该那样说的"，可以很神奇地化干戈为玉帛，为你们带来一个愉快的夜晚。道歉没什么大不了的，而不道歉会让你的伴侣觉得你没有理解他的感受，也不在意他的感受。要知道，当你伤害了别人的感情，或是说出了一些刻薄的言语时，向其道歉并不意味着你输了。在紧张的情况缓解之后，导致你说错话的那些问题都可以重新得到解决。

- **积极一点**　如果你和伴侣发生了争执，试着让它最后有积极的结果，否则你们会在相同的问题上反复产生争执。想要得到一个积极的结果，总是需要双方都做出改变。苏尼需要学会把袜子收好，而沙姆里塔也许需要学会不要每次都批评苏尼。一旦你们达成了一致，就尽力遵守、努力保持。

正确示范

沙姆里塔："你又把袜子到处乱放了。"

苏尼："啊，我真的很抱歉，我今早上班实在太匆忙了。很抱歉让你告诉我这件事，这一定很烦人。"

沙姆里塔："好吧，我知道了。"

苏尼："我好像经常做一些让你讨厌的事。我们要不要明晚花点时间聊聊这些事？"

沙姆里塔："我们明晚可以好好聊聊。我经常因为这些事而责备你吗？"

苏尼："嗯，有时候你确实会责备我。不过我们可以明天再谈这个，现在我们先出去吃顿好饭，享受一段美好时光吧。"

总结

正确处理在亲密关系中的争吵是至关重要的，良好的沟通是一段健康的亲密关系的重要组成部分。尊重你的伴侣，用心倾听。记住，那些对你来说微不足道的事情也许是你的伴侣极为看重的。你们可以一起讨论这些问题，找出让你们双方都认为理想的解决方案。

实践

下面是一些有用的措辞：

- "真的很抱歉，我让你难过了。我很爱你，也从来不想伤害你。我觉得我们得花点时间好好谈谈。明天我们去河边散步，并谈谈这件事吧。"
- "我知道你不是有意让我难过的，但当你说那样的话时，我觉得你并不尊重我。"
- "听着，我觉得我们之间有一些问题。我知道足球对你来说真的很重要，它给你带来了很多乐趣，但因此，周六的大部分时间我都得照看孩子，最后我发现我已经没有什么自己的时间了。我们能够谈一谈，想出一个解决办法吗？"

CHAPTER 12

第 12 章

如何与孩子辩论

为什么孩子比其他人更容易令人恼火呢？大多数父母都会在某些时候对他们的孩子感到失望：

"他们就是不听话。我没法让他们做任何事，争吵无休无止。"

也许我们不应为此感到惊讶。不可避免地，父母总是会以一种他们不敢去对待别人的方式来对待自己的孩子。你试过告诉一个成年人他真的应该上床睡觉了，或者他们的穿搭有问题吗？我们都不喜欢别人来教自己做事情，毫无意外，孩子也不喜欢这样。请记住，孩子也有自己的权利。本书提到的据理力争的十条黄金法则既适用于成年人，也适用于孩子。

错误举例

爸爸："史蒂夫，你做完作业才能出去玩。"

史蒂夫："爸爸，我已经 15 岁了，不再是 7 岁的小孩了。我可以待会儿再做作业。"

爸爸："听着，我是你爸爸，你要听我的话。"

史蒂夫："好吧，我明天一早就做作业。我得赶紧走了，不然就赶不上聚会了。"

爸爸："你要是现在去参加聚会，这个月我就不给你零用钱了。"

史蒂夫："你不可以这样做！我要离开了。"

爸爸（抓住史蒂夫的胳膊大喊）："你得照我说的做，你哪儿也不许去！"

史蒂夫（推开爸爸）："爸爸，放开我！"

（史蒂夫推开爸爸，跑出家门。）

这是许多青少年和父母之间的一种典型的互动方式。我们会在本章末回过头来看看这对父子之间的争论本该如何变得更好。

战术

以下是父母在和孩子争论时经常用到的一些手段。

1. 威胁："快做好你的功课，要不然这周不给你零用钱。"
2. 奖励或诱哄："快做好你的功课，这样这周你能多拿到两英镑零用钱。"
3. 讲逻辑："快做好你的功课，这样你在考试中能取得更好的成绩。"

4. 动用父母权威："快做好你的功课,你得按我说的做。"

5. 制造内疚感："我们为你付出了这么多,你当然要做好你的功课。"

这些策略本身并没有什么问题,但我们要小心地运用它们。接下来我们一一看看这些策略。

威胁

威胁是父母的主要武器!父母可以轻而易举地控制孩子去做父母想要他们做的事情。对于较为年幼的孩子,父母甚至能以生理优势将自己的意愿强加到孩子身上(比如直接把孩子抱到自己的房间)。然而,父母需要谨慎使用威胁,它很容易被误用。

- 如果你不打算付诸实践,就不要施加威胁。你的孩子很快就会知道你不会做出实际行动。事实上,大一点的孩子马上就能看出来你不会做出什么事来。

- 在增加威胁等级之前,先从较低等级的威胁开始。你可以这样开始:"我得考虑一下是不是要减少给你的零用钱了。"

- 威胁要与错误相称。不要施加与孩子所犯的错误完全不相称的威胁。大多数孩子都有强烈的公平意识。

在大多数情况下，将威胁孩子变成为孩子提供选择，会更好一些。

> **实用参考**
>
> "你有两种选择。一种是整理好自己的房间，拿到你的零用钱；另一种是不收拾自己的房间，也拿不到自己的零用钱。"

将威胁孩子变成为孩子提供选择的一个好处是，做出选择能让孩子意识到他们做出不同的行为会产生不同的后果。这是他们在人生中必须习得的经验教训，这也赋予了他们在不同的后果之间做出选择的权利。当然，只有当他们不收拾房间你就真的不会给他们零用钱时，这一策略才是明智而有效的。

奖励或诱哄

奖励或诱哄可能是父母最喜欢使用的策略，给予奖励总是比施加惩罚让父母感觉更好，但同样，这样做也存在风险。

- 尽量不要养成总是想诱哄孩子的习惯。有很多事情都是孩子理所当然要做的，在一些特殊情况下，比如火车被取消了，或者孩子在餐厅大喊大叫，才可以诱哄他们。

- 你的奖励一定要及时。与完成任务马上就有奖励相比，向孩子承诺下周会有奖励就没那么有效。
- 奖励要与行为相称。不要用很大的奖励来鼓励孩子做出一些理所当然的行为。

　　诱哄的最大缺点是：孩子很容易就知道，得到好东西的最佳方式就是先表现差一些，这样之后稍稍表现好一些就能得到很多好处。因此，比起习惯于诱哄孩子，多多给予奖励更为重要。如果孩子表现得很好，也按照要求整理了房间，就给他们一些奖励。正如许多专家所说的，千万不要把注意力都放在孩子的不良行为上，而忽略了孩子的良好行为！然而如果孩子一直表现很好，父母也不要掉以轻心，忽视了孩子而继续做自己的事情。

　　使用奖励的一个好处是它强化了不同行为会有不同后果这一事实。正如上文说过的，孩子一定会学到的一个重要经验教训是现在做起来感觉良好的事情可能并非最应该做的事情。现在做一些感觉没那么快乐的事情可能会给未来带来好处，而现在做了感觉很开心的事（比如吃一整桶冰激凌），以后可能会感觉后悔。请注意，这是一些成年人至今还在学习的一课！

讲逻辑

　　当然，我们无法用讲逻辑的方法来解决每个孩子的问题，也无法用逻辑来应对所有情境。年龄小一点的孩子或是当时非常心烦意乱的孩子，可能无法欣赏你反复琢磨过的"说教"，有时也许就是没有好机会，但作为父母，还是要尽量用讲逻辑的方式和孩子展开辩论，不出意外，这比诱哄孩子或是动用威胁花费的成本更低、更不累人。更为重要的是，运用逻辑思维可以教你的孩子如何自己做决定，如何独立思考。

要考虑孩子看待世界的方式。好好做功课就能考上一所好大学，讲这种道理对一个 7 岁的小孩来说行不通，而对一名一往无前、想要考上心仪大学的 17 岁少年来讲，他们是听得进去的。不要想当然地以为能说服你自己的观点也能说服你的孩子。你可能觉得"你穿那件衣服会冷的"是毋庸置疑的，但孩子可能就不这么想了。同样，"我的朋友们都这样做"，对成年人来说，这句话可能很糟糕，但对孩子来说，这句话很有效。

这就是倾听的重要性所在。

实用参考

"为什么你觉得这是个好主意？"

你必须找出是什么促使孩子最终做出决定的。你能够尝试以这种方式来思考，进而达到你的目标吗？想要穿轻薄衣服的孩子可能只是想要在聚会上看起来时髦一些，如果告诉他们可以先穿件外套，再在聚会上脱掉，他们可能就会照做了。

动用父母权威

父母通常很难靠动用自己的权威来赢得与孩子的辩论。孩子年龄越大，这种方法就越不管用。在任何情况下，动用父母权威都难以称得上是好的教育方式，它只能告诉孩子一件事：如果你比别人强大，你就可以，而且应该把自己的意愿强加到别人身上。经常对孩子说教也许能让孩子做你喜欢的事，但从长远来看这样会让孩子变得与你疏远。更为有效的方法是：教会孩子独立思考，让他们自己得出合理的结论。

尽管我们说了这么多，但有时候父母的确除了动用权威没有更好的选择。比如跟孩子约好要去医院看病，可他迟迟不愿走出家门，父母没时间做别的事，只能一把抱起孩子将他塞进车里。可是要记得，看完病后要与孩子聊聊这件事，说说你为什么要把他一把抱起送去医院。

制造内疚感

父母常常会给孩子制造内疚感。天下所有父母都为自己的孩子牺牲和奉献了很多，但有些孩子似乎特别"忘恩负义"。有哪些父母没有想过"这个孩子简直不知道自己有多幸运"？

然而制造这种内疚感并没有什么效果。还记得据理力争的黄金法则十吗？经营长期关系是最为重要的，一段建立在内疚感和责任感之上的关系，从长期来看并不一定很健康。你的确可以和孩子讲一讲他比其他很多孩子的家庭情况都好一些，但是向孩子倾诉你为他付出了所有通常不是一个好主意。我们也都知道，孩子长大了会说："又不是我想要出生的！"提醒孩子你为他付出了很多可能只会让孩子心生怨恨，忽视现实的问题。如果你的孩子只是出于愧疚感而照你说的做，这也不是营造一段健康关系的基础。

举个例子，你的孩子正在玩具店里生闷气，因为你给他的朋友买了生日礼物，但不愿意给他也买一个礼物。你很容易说出这样的话："你不知道我为你付出了多少，你总想要更多！你都不知道自己有多幸运！"你说的可能的确是真的，但当一个孩子在玩具店里闷闷不乐时，他不太可能对这种话做出回应。这样说可能会更好："谢谢你给我看了你想要的玩具，下次咱们一定要买这个。今天还没轮到给你买玩具，但如果你表现好，我们会考虑很快再给你买一个玩具。"

遵循一定原则

以下是在与孩子相处时需要遵循的一些重要原则。

- **不要体罚**　大多数相关领域的专家（包括儿科医生、社会工作者和专家学者等）都认为体罚是一种无效且有伤害性的方式。

- **保持冷静**　对你的孩子大喊大叫有时的确在短期内有效，但从长远来看，这只会让孩子觉得大喊大叫很正常，下次当他们失控的时候他们也会这样做。父母应该尽可能以身作则！当然，所有父母都会时不时地提高嗓门，这也是人之常情，但要尽量减少这种情况发生的次数。如果你的孩子被惹恼了，你要暂时离开，冷静一下，出去透透气，喝杯水休息一下。让你的伴侣来和孩子交流。事实上，让其他人介入这个情境能令人惊奇地快速解决问题。

- **表扬你的孩子**　即使是在纠正孩子不好的行为的时候，也要强调孩子表现好的地方，鼓励他们在你们讨论的问题上好好表现。同时要记得在孩子做出好的行为时给予奖励和鼓励。如果孩子做出好的行为得不到回应，而做出坏的行为会被父母教训，那么做出坏的行为就会成为孩子能得到你回应的唯一方式。你要学会识别哪些是孩子想要获取你的关注而做出的行为。孩子有时捣蛋只是因为他们累了，想要得到一些关注。这时不再和孩子争吵，而是抱抱他们，会非常有效。当然，如果孩子经常这样捣蛋，你需要花些时间与孩子度过一些更有质量的亲子时间，这样他们就不用通过捣蛋的方式来获取你的注意了。

- **尊重你的孩子，把他们当成聪明人看待**　向孩子解释人为什么要做出合理的行为，倾听孩子不照你所说的做的原因，这一点很重要。通过仔细听孩子讲话，你能判断出他们所说的是不是真的有些道理。要记住，对孩子来讲重要的事对大人来讲不一定同等重要，你不应该期待他们成为小大人儿，而应该成为好孩子。所有这些都会给你的孩子带来宝贵的人生经验，让他们学会自己思考问题。尊重你的孩子，把他们当成聪明人对待，他们就更有可能以同样的方式对待你（和其他人）。

- **多花时间和孩子相处**　只有多花时间和孩子待在一起，你才能更好地了解他们。只有这样，你才能知道什么会引发矛盾，以及当争辩产生时他们会更听从哪种理由。有大量证据表明，良好的亲子关系对孩子的教育、心理健康和幸福感都有积极影响。

- **一致性是关键**　如果你已经制定了一些规则，就一直遵守它们。如果你规定了孩子做出不同行为会有奖励或是惩罚，那就尊重并遵守这些规则。

- **注意用词**　成年人对一些令人不悦的用词已经习以为常，能够忽略它们，或把它们放在特定情境中来理解。孩子要想做到这点就难多了。"你可真笨"这种话可能很容易被成年人一笑置之，但孩子不会，因此要特别注意不要对孩子进行人身攻击。专注于对孩子行为的评价，而不是只专注于孩子本身，这是非常重要的。孩子的自尊问题可能会在日后发展成更大的问题，因此要在辩论中着重解决孩子的问题，纠正不良行为，但不要施加人身攻击。你可以说"在墙上写字是不对的"，而不是"你真是又笨又爱捣蛋"。

实用参考

可以对孩子说"你在这个年龄不适合做这种事"，而不是直接说"你还是个孩子"。对更小一点的孩子，可以说"那是 2 岁的孩子会干的事，现在你已经 3 岁了"。

可以对孩子说"我不喜欢你这样说话"，而不是"我真讨厌你"。

可以对孩子说"你是一个非常聪明的人，但当你那样说话时听起来并不像个聪明人"，而不是"你真笨"。

- **孩子是从父母那里学会争辩的**　如果父母说话尖酸刻薄、不懂倾听、喜欢骂人和大喊大叫，孩子会认为这就是争辩的方式。

不守规矩的孩子

也许最困难的情况就是孩子很生气，而你努力想要和他们交流与讨论。首先，你要知道生气是人类的一种常见而自然的情绪。通常对孩子来说，处理愤怒情绪是件难事。不要错误地认为孩子因为生气而变坏了，问题可能在于孩子的愤怒如何表达出来。

以下是一些建议。

- 找出孩子生气的原因。是什么激怒了孩子？是很容易解决的原因吗？有些孩子在肚子饿或很困时会变得脾气不好，可能给他们吃点小零食就好了，或者让孩子每天保持充足的睡眠与休息。是不是父母做了什么惹孩子生气了？要知道，成年人看待事情的方式和孩子是不同的。对一些父母来说，孩子生气生得很没道理，虽然他弄丢了自己的泰迪熊，但他还有几十个毛绒玩具呢。然而这并不是孩子看待这个世界的方式。
- 告诉孩子你理解他们为什么生气。尽你所能与孩子共情。

> **实用参考**
>
> "我能看出，你真的很生气。"
>
> "我有时候也会生气，我能看出你很难过。"
>
> "苏竟然那样对你，真是让人生气，你说是吧？"

- 告诉孩子你知道他们生气了，并且如果你知道孩子为什么生气，告诉他们你也觉得他们受到了不好的对待。你可以根据孩子的年龄，帮助他们表达自己所感受到的情绪。与孩子仔细聊聊有关愤怒和情绪反应的问题会对他们产生无法估量的影响。和孩子在一起，做孩子的朋友，而不是在他们生气的时候站在对立面，这样可以建立良好的亲子关系。你关心的问题可以等孩子平静下来再去处理。

- 教给孩子表达愤怒的好方法。最好是等孩子平静之后再来教他们。问问你自己，当孩子感到生气时怎样做最好？也许你可以鼓励孩子在生气时出去做一些运动。（"当你感到心烦的时候，为什么不出去骑骑自行车呢？""当你很生气的时候，你可以冲枕头撒气。"）我妻子告诉我们的女儿，她在自己的房间里可以想发火就发火，想跺脚就跺脚，只要是在她自己的房间里就行。你需要教孩子处理愤怒和沮丧情绪的方法，帮助他们认识到愤怒是一种很正常的情绪。告诉你的孩子，不是愤怒本身，而是人们因为愤怒所做出的事会伤人伤己，并教他们学会表达愤怒的健康方式。

- 倾听孩子所说的，确保孩子知道你在听他们讲话。向他们重复他们所说的话，来确保自己理解无误。你需要让他们知道倾听是很重要的，如果你不听他们讲话，他们为什么要听你的呢？

- 有时候父母很容易把孩子喜欢生气看作孩子自身有问题，但最好是将其看作整个家庭的问题。事实上，学校和朋友都应该在这个问题上出自己的一份力。
- 当孩子感到愤怒或有情绪时，不是进行富有成效的辩论的最佳时机，也不是纠正孩子不良行为的好时机。你需要等孩子平静下来再去解决问题。

实用参考

"今天早上在你看电视的时候，西尔维想要换台，你那时很生气，对她很凶，还说了一些难听的话。你真的需要去和她道歉。"

- 以孩子的视角来看待问题对成年人来说可能真的很难，但我们也许可以肩并肩地支持他们。每个孩子都是不同的，因此你需要找到最好的沟通方式，来告诉他们你和他们在一起，想要帮助他们。用温和的语调和愉快的表情与孩子沟通。根据孩子的喜好，抱抱他们或是拍拍他们也许会有帮助，还有一些孩子在生气时想要自己待一会儿，不想有人抱。
- 长话短说。孩子不喜欢长篇大论，耗时耗力的说教很难奏效。问题发生后迅速解决，之后有时间也许可以和孩子更深入地讨论。

- 有些孩子的行为问题可能需要一些医学支持。与家庭医生聊聊天可能会让你放心一些。如果你担心孩子的一些行为并非儿童的正常行为，家庭医生可以帮孩子检查一下。

青少年

上文讨论的许多原则也同样适用于青少年。以下是一些要点。

- 多花时间和青少年相处，但要注意他们对隐私和个人空间的需要。你可能只需要陪陪他们，在他们需要的时候及时出现，甚至不用和他们对话。在与他们交流讨论时，试着抛出开放式问题，比如"你今天过得怎么样"，而不是那种只用回答"是"或"不是"的封闭性问题，比如"你今天是不是很开心"。当孩子想与人交流时，好好利用这个时间和孩子聊聊天，而不是去训斥他们。在这种情境中，辩论可以采取"讨论"的形式。
- 仔细倾听他们的观点，尊重他们。在辩论中，试着用他们欣赏的方式回答问题。比如，有一件衣服，你和朋友们都认为它并不适合青少年穿，但这很难说服一个认为它很时髦的孩子。事实上，对很多青少年来说，能够自己选择穿什么衣服是自我认同和独立性的关键组成部分，需要得到父母的尊重和理解。

- 很多青少年都为自尊问题而苦恼不堪。父母要注意这一点，尤其是在个人形象方面。不要在这方面严厉地批评孩子，或说一些贬损的话，笑话甚至也有可能被误解。培养孩子的自信心，把他们当作年轻的成人来尊重。

- 一些青少年觉得自己很难很好地处理和表达情绪。在这段时间里，你要理解和支持你的孩子。温和地帮助他们用合适的方式表达情绪，责备或是惩罚对他们不太可能有帮助。

- 记住，对很多青少年来说，他们在朋友中的地位是非常重要的。在孩子的朋友面前责备孩子不整理房间会让你成为不讨孩子喜欢的父母。如果有什么问题，最好在与孩子单独在一起的时候解决。

正确示范

爸爸："史蒂夫，你要去哪儿？"

史蒂夫："我要出门去参加一个聚会，我要搭别人的车，现在得走了。"

爸爸："可是你做好功课了吗？它们的截止日期是什么时候？"

史蒂夫："明天。"

爸爸："那你要怎么做完功课呢？"

史蒂夫："我明天早上再做。"

爸爸："你确定明早能按时起床吗？"

史蒂夫："我能做到。"

爸爸："嗯，要是你睡过头了，你在学校可能不会好过。"

史蒂夫："的确是这样。这样吧，我确保晚上 11 点前回家，然后设一个明早 7 点的闹钟叫我起床。"

爸爸："好，那我们这次就来试验一下。如果这次你没能做到，将来你就要在做完功课后才能出去玩，你同意吗？同意之后你才能出去参加聚会。"

史蒂夫："行，就这么办。再见，老爸。"

总结

孩子们都很棒！鼓励他们做个好孩子，而不是在他们表现不好的时候反应过度。尽可能和孩子讲道理，为你想要他们养成的行为方式做出合理的解释。和他们讨论为什么他们做了错事，帮助他们了解不同的行为会产生不同的后果。要永远爱他们，非常爱。

实践

尽可能多和你的孩子交流。在很多事情上他们为什么那样做？他们想要成为什么样的人？他们喜欢什么？试着在辩论中聊一聊这些方面的内容。尽量和你的孩子一起解决问题，而不是命令他们去做什么。

CHAPTER 13

第 13 章

如何在工作中辩论

你在工作中是否经常与人争论？你很难说出自己的想法吗？人们是不是总是在教你做事情，结果你要么和别人发生争论，要么被指使来指使去，觉得自己就是个受气包？如果你是公司老板，而你发现自己总是和员工产生争执？这一节将教你一些关键的辩论策略。

错误举例

（莫妮卡和杰西卡正在与同事们开会）

莫妮卡："我提议我们继续推进这个项目。"

杰西卡："你说什么？就像几年前推进的伯明翰的那个糟糕项目一样吗？"

莫妮卡："我们别再提那件事了，我们也没再提去年你那个让人绝望的公司团建项目。"

杰西卡："行吧，但这个项目的数据在哪儿？没有数据我们是无法相信的。"

莫妮卡："讨论这个没有什么意义。"

杰西卡："你可真是说什么都是对的。如果我是你的话，我会乖乖闭上嘴巴。"

　　老板："好了，莫妮卡和杰西卡，你们两个都冷静一下，你们说的话对双方都没有什么好处。"

尽可能避免争论

　　工作场所常常让人非常紧张。人们在工作场所的压力水平会很高，很容易发脾气，或者与人发生争执而事后后悔。想想据理力争的黄金法则二，思考一下现在展开辩论很重要吗？此时此地适合展开辩论吗？

　　也许你发现在公司中你经常和某些同事吵架。离他们远一点，或是尽量不要和他们参与同一个项目。其实更好的做法是：多和他们碰面，想办法调和你们之间的关系，以平等的地位进行辩论。

　　做一个鼓励者和赞美者。在工作场所中，如果需要改变一些事情，那么保持积极能让你更容易做出改变。如果人们感到你总是站在他们那边支持他们，他们也会倾听你的抱怨。

考虑时机和情境

　　我们在据理力争的黄金法则二中曾经讨论过这个话题。以下这些问题尤为重要，你应该问问自己：

- 关于这个问题，最好是在会上讨论，还是私下讨论？
- 如果私下见面讨论更好一些，你想有人陪同，还是自己去与对方讨论？
- 解决这件事最好是落实到书面，还是面对面交流？如果面对面交流更好一些，先发封电子邮件把你的顾虑写出来会有帮助吗？
- 你能想到展开讨论的更好时机吗？比如说，最好避免周五下午 4 点这个时间点。

如果你是一名初级员工或是新员工，三思而后行，再三考虑眼下是否为提出你的顾虑的合适时机：

"关于这一提议，我的确有几个问题，但现在是提出这些问题的合适时机吗？"

把生意放在首位

在很多公司中，有很多非常自负的人。有时同事间的竞争关系能为彼此提供鼓励，但至少应该让别人看到，你总是把生意放在第一位的。把你的重心放在什么对公司最有利上，而不是什么对自己最有利上。通过提出你认为会对公司有利的观点，你能够得到其他同事的支持。你可以找一些与同事的共同点，如果每个人都能同意你的看法：要是以最大化公司利益为最优选择，那就再好不过了。事实上，如果你能让对方感受到你将他们的利益放在公司利益之前，那么你会在赢得辩论的道路上走得非常顺利。

另外，想想为什么你要提出这个问题并展开辩论。只是为了给自己提供表现的机会，还是想要让别人难堪？对公司来讲，这是很重要的问题吗？审视自己的动机，动机不良的争辩可能会引发严重的后果。尽量避免这样。

等待辩论时机

在工作中，有很多东西值得辩论，有很多事情你可能认为可以做得更好，但如果你事事喜欢与人辩论的名声在外，你的观点就会失去一定的说服力。让别人去争辩关于咖啡机的事情，你来等着为更重要的事情辩论吧。当一个话不多的人有话要说的时候，大家通常会仔细听他要说的话，而对一个时刻在与人争辩的人，我们通常会觉得"他又要开始喋喋不休了"。

鼓励展开讨论

如果你处于管理岗位，你可能会习惯性地阻止大家展开讨论或是投入辩论。然而这不总是一个好主意。至少在很多大问题上，越多人表达他们的想法和关注越好。如果有人对项目提出疑虑，你一定希望马上处理，而不是等到项目已经快要完成时再处理。在主持会议时，人们都想展示大量材料让方案快速通过。尽管效率很重要，但做出正确的决策更为重要。在工作场合中，如果员工觉得说出自己心中所想不合适，就很容易滋生怨愤。让那些在暗地里反对你的计划的人加入你的项目，不会对项目工作有什么成效。同样地，在常有不同意见出现的会议中，如果形成了管理者咄咄逼人的传统，并继续发展，就将阻碍员工表达自己的真实想法。管理者应该提倡营造一种以尊重的态度听取所有人意见的工作氛围。

这就是为什么"头脑风暴"这种形式会很有用。员工可以抛出各种各样的想法，而不会有这样一种感觉：这是一场辩论，大家都应该积极参与，争出胜负。

让别人支持你

如果你正计划召开一次会议，或是打算与人正面对峙，尽量让更多人站在你这边支持你。提前和同事讨论相关问题，你会了解哪位同事有可能反对你的意见及其原因所在，更重要的是，了解到你有很多支持者，会让你在会议中更有气场。如果在你演讲结束后，马上有人不约而同地表示同意，就会加强你的优势地位。你可能发现某些人在某件事情上有所顾虑，这时你可以做出一些小的让步来赢得他们的支持，这件事在会议之前完成会比在会议中完成更容易一些。

永远不要发脾气

在工作中发脾气永远是场灾难。这会让你显得不专业且容易失控。如果你感到自己快要发脾气了，使用你学到的所有技巧，来尽力避免这种情况发生。想想据理力争的黄金法则三，如果你马上要参加一个让你很有压力的会议，你能够预料到自己肯定会生气（也许是因为有一个人总是惹你生气），就尝试在脑海中预演你被激怒但仍保持镇定的情景。提前想清楚可能遇到的情况，练习控制情绪，这格外重要。如果你能冷静而专业地陈述你理性的观点，你的观点就能被倾听。发脾气很可能会让你输掉这场辩论。

解决问题

在辩论中，有时双方很想做出妥协从而推动进程。有时这会奏效，但你要当心，妥协可能掩盖公司里的两派在处理问题的方法上的根本分歧。他们可能都会在项目书上签字，但在心里对项目有着不同的愿景。尽可能解决这些不同是很重要的。然而在有些情况下，可能没有真正的解决办法，只能听从一方的意见。如果是这样，就尽你所能让所有人都发表意见，确保他们至少能感受到自己的意见被倾听。认可他们所说的话，并告诉他们，他们所有的讨论都促进了最佳决策的制定。你要指出你已经尽可能地考虑到他们的担忧，并根据他们的讨论采取了一定的措施。在制定决策的过程中为他们找到积极的一面。

保持诚实

如果你迫切地想要项目得以推进，或是公司采纳你的建议，你可能会忍不住篡改数据，或是掩盖潜在的问题。你要记住，永远都不要撒谎。一旦被发现，你的职业生涯可能就此结束。人们很难再信任你。不值得冒这个险。

补救措施

如果你和同事在工作中发生了争吵，最好尽快解决。如果你做出了不恰当的行为，最好向对方道歉，并向对方保证不会再发生这种事。要是你曾经对老板很无礼，这样做就更为重要！在老板心中树立你诚实而专业的形象更容易让你保住工作。

如果你是老板，在工作中与员工发生了争执，你也需要修复可能因为此次争执而破裂的一些关系。如果你不这样做，小团体们就可能联合起来反对你，之后你会发现自己再难行使作为老板的权利。恢复办公室的和谐氛围是很重要的，尽你所能努力消除分歧，推进工作继续进行吧。如果你做出了不好的行为，为你的行为道歉。道歉并非软弱的表现，而是坚强的人所采取的行动。如果你能够对自己的行为负责，你会更受员工的尊敬。

正确示范

莫妮卡："我提议我们继续推进这个项目。"

杰西卡："我觉得我们应该再仔细考虑一下。这项交易的确能为公司带来很多好处，但我们过去犯过类似的错误，这次最好特别小心。"

莫妮卡："是的，我记得去年你那个让人绝望的公司团建项目就是这样。"

杰西卡："莫妮卡，我想我们应该把注意力集中在眼前的问题上。你已经很好地阐述了这个项目的优点，但我们也需要考虑其中有哪些风险。"

莫妮卡："好，我们下一步要怎样做呢？"

杰西卡："我们可能会碰到两场'噩梦'……"

总结

在工作场合要谨慎发表观点。尽可能确保有人支持你，这在会议中特别有用。将公司利益放在首位，清晰而礼貌地表达你的观点。

实践

在会议上多观察别人说了什么、做了什么。哪种干预是有用的，哪种是无用的。人们如何让自己的提案得以通过？哪种辩论会影响公司的管理层？如果你是一名管理者，你可以问问自己是否广泛听取了员工的意见。

CHAPTER 14

第14章

如何投诉

我们都遇到过这种事——一个产品在商店里看起来很好，但买回家就散架了。家里新请来的电工在初次见面时令我们觉得非常值得信赖，但他后来领了工资却没能完成工作。我们被度假宣传册吸引并计划了假期，到了度假地点却发现和宣传的完全不一样。面对这些情况，如果我们想要把钱拿回来，发生争执似乎是难以避免的（尽管，说实话，我敢肯定有时我们会觉得自己争辩不过对方，只能把损失当作积累经验了），但如果我们的确想要讨个说法，有时即使我们占理，也很难说服对方。在本章，我们将讨论如何对有缺陷的商品或是糟糕的服务进行投诉，并让人不会感觉压力很大。

错误举例

乔纳森："你好，是鞋店吗？我昨天从你们店里买了一双鞋，可我一到家它们就坏了。我太生气了，你们的产品太糟糕了。说真的，我这辈子从没见过这么劣质的商品。"

蒂娜："早上好，先生，请问这次损坏是怎么……"

乔纳森："你是说我弄坏了这双鞋？你们可真爱这样讲话。是你们的鞋有毛病，不是我！"

蒂娜："我只是想知道您是什么时候买这双鞋的。"

乔纳森："我真是受够了。只是为了拿回我的钱，我就得回答你这么多问题？我要找你们经理，立刻，马上！"

蒂娜："恐怕经理现在在忙，但是……"

乔纳森："你骗人！你我都知道他现在一点也不忙。你能别把我当成傻子吗？"

蒂娜："先生，我在想办法帮您……"

乔纳森："是啊，你可真是帮了大忙了。"

（乔纳森挂断了电话。）

很明显，乔纳森的投诉毫无成效。在这种情况下，运用据理力争的黄金法则非常重要。

尽可能避免争论

想想据理力争的黄金法则二。对于许多消费投诉问题，最好的对策就是尽量不遇到问题。从信誉良好的商店购买知名品牌的产品，这样能大大降低买到糟糕产品的可能性。很多网站和出版物会就某些产品的可靠性给出建议。

在关于雇用员工的问题上，没有什么比个人推荐更好了。如果一个水管工为你的朋友提供了良好的服务，收取的费用也合理，那他在为你服务时大概率也会同样靠谱。即便如此，有时也会出现问题，特别是在大型项目中。以下是一些建议：

- 双方一定要签署合同。双方事先要就工作细节以及何时付款达成一致。

- 工作完成才能支付尾款。如果建筑商拒绝这样的安排，就要提高警惕了。要保持其余预算充足，以防需要付钱请其他人完成工作。

- 避免预付一大笔钱。然而，提前支付一些材料的费用也许是合理的。

- 在较大的项目中（比如工程扩建），要在预算中准备好"后期整理"的费用，用于解决项目结束后出现的任何问题，比如在项目结束6个月后，如果这栋建筑有任何问题，这笔资金将被扣除。如果没有问题，建造商就可以拿到这笔费用。这一做法能激励建造商一次性把工作做好，并确保他们能跟进解决后续可能出现的问题。

- 确保所有的建筑商、水管工、电工等人员，都从正规、专业的组织聘请。

CMP BOOKS

打开心世界·遇见新自己

华章分社心理学书目

扫我！扫我！扫我！新鲜出炉还冒着热气的书
籍资料、有心理学大咖降临的线下读书会的名
额、不定时的新书大礼包抽奖、与编辑和书友
的贴贴都在等着你！

扫我来关注我的小红书号，
各种书讯都能获得！

机械工业出版社
CHINA MACHINE PRESS

当良知沉睡
辨认身边的反社会人格者

[美] 玛莎·斯托特 著
吴大海 马绍博 译

- 变态心理学经典著作，畅销十年不衰，精确还原反社会人格者的隐藏面目，哈佛医学院精神病专家帮你辨认身边的恶魔，远离背叛与伤害

这世界唯一的你
自闭症人士独特行为背后的真相

[美] 巴瑞·普瑞桑
汤姆·菲尔兹－迈耶 著
陈丹 黄艳 杨广学 译

- 豆瓣读书 9.1 分高分推荐
- 荣获美国自闭症协会颁发的天宝·格兰丁自闭症杰出作品奖
- 世界知名自闭症专家普瑞桑博士具有开创意义的重要著作

友者生存
与人为善的进化力量

[美] 布赖恩·黑尔
瓦妮莎·伍兹 著
喻柏雅 译

- 一个有力的进化新假说，一部鲜为人知的人类简史，重新理解"适者生存"，割裂时代中的一剂良药
- 横跨心理学、人类学、生物学等多领域的科普力作

你好，我的白发人生
长寿时代的心理与生活

彭华茂 王大华 编著

- 北京师范大学发展心理研究院出品。幸福地生活，优雅地老去

读者分享

《我好，你好》
◎读者若初

有句话叫"妈妈也是第一次当妈妈"，有个词叫"不完美小孩"，大家都是第一次做人，第一次当孩子，第一次当父母，经验不足。唯有通过学习，不断调整，互相理解，互相接纳，方可互相成就。

《正念父母心》
◎读者行木

《正念父母心》告诉我们，有偏差很正常，我们要学会如何找到孩子的本真与自主，同时要尊重其他人（包括父母自身）的自主。
自由的前提是不侵犯他人的自由权利。或许这也是"正念"的意义之一：摆正自己的观念。

《为什么我们总是在防御》
◎读者 freya

理解自恋者求关注的内因，有助于我们理解身边人的一些行为的动机，能通过一些外在表现发现本质。尤其像书中的例子，在社交方面无趣的人总是不断地谈论自己而缺乏对他人的兴趣，也是典型的一种自恋者类型。

拥抱你的抑郁情绪
自我疗愈的九大正念技巧
（原书第2版）

[美] 柯克·D. 斯特罗萨尔
　　　帕特里夏·J. 罗宾逊 著

徐守森 宗焱 祝卓宏 等译

- 你正与抑郁情绪做斗争吗？本书从接纳承诺疗法（ACT）、正念、自我关怀、积极心理学、神经科学视角重新解读抑郁，帮助你创造积极新生活。美国行为和认知疗法协会推荐图书

自在的心
摆脱精神内耗，专注当下要事

[美] 史蒂文·C. 海斯 著

陈四光 祝卓宏 译

- 20世纪末世界上最有影响力的心理学家之一、接纳承诺疗法（ACT）创始人史蒂文·C. 海斯用11年心血铸就的里程碑式著作
- 在这本凝结海斯40年研究和临床实践精华的著作中，他展示了如何培养并应用心理灵活性技能

自信的陷阱
如何通过有效行动建立持久自信（双色版）

[澳] 路斯·哈里斯 著

王怡蕊 陆杨 译

- 本书将会彻底改变你对自信的看法，并一步一步指导你通过清晰、简单的ACT练习，来管理恐惧、焦虑、自我怀疑等负面情绪，帮助你跳出自信的陷阱，建立真正持久的自信

ACT 就这么简单
接纳承诺疗法简明实操手册（原书第2版）

[澳] 路斯·哈里斯 著

王静 曹慧 祝卓宏 译

- 最佳ACT入门书
- ACT创始人史蒂文·C. 海斯推荐
- 国内ACT领航人、中国科学院心理研究所祝卓宏教授翻译并推荐

幸福的陷阱
（原书第2版）

[澳] 路斯·哈里斯 著

邓竹箐 祝卓宏 译

- 全球销量超过100万册的心理自助经典
- 新增内容超过50%
- 一本思维和行为的改变之书：接纳所有的情绪和身体感受；意识到此时此刻对你来说什么才是最重要的；行动起来，去做对自己真正有用和重要的事情

生活的陷阱
如何应对人生中的至暗时刻

[澳] 路斯·哈里斯 著

邓竹箐 译

- 百万级畅销书《幸福的陷阱》作者哈里斯博士作品
- 我们并不是等风暴平息后才开启生活，而是本就一直生活在风暴中。本书将告诉你如何跳出生活的陷阱，带着生活赐予我们的宝藏勇敢前行

刻意练习
如何从新手到大师

[美] 安利克森 著
罗伯特·普尔

王正林 译

- 成为任何领域杰出人物的黄金法则

学会提问
（原书第12版）

[美] 尼尔·布朗 著
斯图尔特·基利

许蔚翰 吴礼敬 译

- 批判性思维领域"圣经"

内在动机
自主掌控人生的力量

[美] 爱德华·L.德西 著
理查德·弗拉斯特

王正林 译

- 如何才能永远带着乐趣和好奇心学习、工作和生活？你是否常在父母期望、社会压力和自己真正喜欢的生活之间挣扎？自我决定论创始人德西带你颠覆传统激励方式，活出真正自我

聪明却混乱的孩子
利用"执行技能训练"提升孩子学习力和专注力

[美] 佩格·道森 著
理查德·奎尔

王正林 译

- 为4~13岁孩子量身定制的"执行技能训练"计划，全面提升孩子的学习力和专注力

自驱型成长
如何科学有效地培养孩子的自律

[美] 威廉·斯蒂克斯鲁德 著
奈德·约翰逊

叶壮 译

- 当代父母必备的科学教养参考书

父母的语言
3000万词汇造就更强大的学习型大脑

[美] 达娜·萨斯金德 著
贝丝·萨斯金德
莱斯利·勒万特-萨斯金德

任忆 译

- 父母的语言是最好的教育资源

十分钟冥想

[英] 安迪·普迪科姆 著

王俊兰 王彦又 译

- 比尔·盖茨的冥想入门书

批判性思维
（原书第12版）

[美] 布鲁克·诺埃尔·摩尔 著
理查德·帕克

朱素梅 译

- 备受全球大学生欢迎的思维训练教科书，已更新至12版，教你如何正确思考与决策，避开"21种思维谬误"，语言通俗、生动，批判性思维领域经典之作

达成目标的 16 项刻意练习

[美] 安吉拉·伍德 著

杨宁 译

精进之路

从新手到大师的心智升级之旅

[英] 罗杰·尼伯恩 著

姜帆 译

- 基于动机访谈这种方法，精心设计 16 项实用练习，帮你全面考虑自己的目标，做出坚定的、可持续的改变
- 刻意练习·自我成长书系专属小程序，给你提供打卡记录练习过程和与同伴交流的线上空间

- 你是否渴望在所选领域里成为专家？如何从学徒走向熟手，再成为大师？基于前沿科学研究与个人生活经验，本书为你揭晓了专家的成长之道，众多成为专家的通关窍门，一览尤余

跨越式成长

思维转换重塑你的工作和生活

[美] 芭芭拉·奥克利 著

汪幼枫 译

大脑幸福密码

脑科学新知带给我们平静、自信、满足

[美] 里克·汉森 著

杨宁 等译

- 芭芭拉·奥克利博士走遍全球进行跨学科研究，提出了重启人生的关键性工具"思维转换"。面对不确定性，无论你的年龄或背景如何，你都可以通过学习为自己带来变化

- 里克·汉森博士融合脑神经科学、积极心理学跨界研究表明：你所关注的东西是你大脑的塑造者。你持续让思维驻留于积极的事件和体验，就会塑造积极乐观的大脑

如何达成目标

[美] 海蒂·格兰特·霍尔沃森 著

王正林 译

学会据理力争

自信得体地表达主张，为自己争取更多

[英] 乔纳森·赫林 著

戴思琪 译

- 社会心理学家海蒂·格兰特·霍尔沃森力作
- 精选数百个国际心理学研究案例，手把手教你克服拖延，提升自制力，高效达成目标

- 当我们身处充满压力焦虑、委屈自己、紧张的人际关系之中，甚至自己的合法权益受到蔑视和侵犯时，在"战或逃"之间，我们有一种更为积极和明智的选择——据理力争

深度关系

从建立信任到彼此成就

[美] 大卫·布拉德福德
卡罗尔·罗宾 著

姜帆 译

成为更好的自己

许燕人格心理学 30 讲

许燕 著

- 本书内容源自斯坦福商学院 50 余年超高人气的经典课程"人际互动"，本书由该课程创始人和继任课程负责人精心改编，历时 4 年，首次成书
- 彭凯平、刘东华、瑞·达利欧、海蓝博士、何峰、顾及联袂推荐

- 北京师范大学心理学部许燕教授，30 多年"人格心理学"教学和研究经验的总结和提炼。了解自我，理解他人，塑造健康的人格，展示人格的力量，获得最佳成就，创造美好未来

学术写作原来是这样
语言、逻辑和结构的全面提升（珍藏版）

学会如何学习

科学学习
斯坦福黄金学习法则

刻意专注
分心时代如何找到高效的喜悦

直抵人心的写作
精准表达自我，深度影响他人

有毒的逻辑
为何有说服力的话反而不可信

自尊的六大支柱

习惯心理学
如何实现持久的积极改变

学会沟通
全面沟通技能手册（原书第 4 版）

掌控边界
如何真实地表达自己的需求和底线

深度转变
让改变真正发生的 7 种语言

逻辑学的语言
看穿本质，明辨是非的逻辑思维指南

红书

[瑞士] 荣格 原著
[英] 索努·沙姆达萨尼 编译

周党伟 译

- 心理学大师荣格核心之作，国内首次授权

身体从未忘记
心理创伤疗愈中的大脑、心智和身体

[美] 巴塞尔·范德考克 著

李智 译

- 现代心理创伤治疗大师巴塞尔·范德考克"圣经"式著作

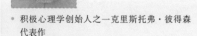

打开积极心理学之门

[美] 克里斯托弗·彼得森 著

侯玉波 王非 等译

- 积极心理学创始人之一克里斯托弗·彼得森代表作

精神分析的技术与实践

[美] 拉尔夫·格林森 著

朱晓刚 李鸣 译

- 精神分析临床治疗大师拉尔夫·格林森代表作，精神分析治疗技术经典

成为我自己
欧文·亚隆回忆录

[美] 欧文·D.亚隆 著

杨立华 郑世彦 译

- 存在主义治疗代表人物欧文·D.亚隆用一生讲述如何成为自己

当尼采哭泣

[美] 欧文·D.亚隆 著

侯维之 译

- 欧文·D.亚隆经典心理小说

何以为父
影响彼此一生的父子关系

[美] 迈克尔·J.戴蒙德 著

孙平 译

- 美国杰出精神分析师迈克尔·J.戴蒙德超30年父子关系研究总结
- 真实而有爱的父子联结赋予彼此超越生命的力量

理性生活指南
（原书第3版）

[美] 阿尔伯特·埃利斯 著
罗伯特·A.哈珀

刘清山 译

- 理性情绪行为疗法之父埃利斯代表作

生命的礼物
关于爱、死亡及存在的意义

[美] 欧文·D.亚隆 著
[美] 玛丽莲·亚隆

[美] 童慧琦 译
丁安睿 秦华

- 生命与生命的相遇是一份礼物。心理学大师欧文·亚隆、女性主义学者玛丽莲·亚隆夫妇在生命终点的心灵对话，揭示生命、死亡、爱与存在的意义
- 一本让我们看见生命与爱、存在与死亡终极意义的人生之书

诊疗椅上的谎言

[美] 欧文·D.亚隆 著

鲁宓 译

- 亚隆流传最广的经典长篇心理小说。人都是天使和魔鬼的结合体，当来访者满怀谎言走向诊疗椅，结局，将大大出乎每个人的意料

部分心理学
（原书第2版）

[美] 理查德·C.施瓦茨 著
玛莎·斯威齐

张梦洁 译

- IFS创始人权威著作
- 《头脑特工队》理论原型
- 揭示人类不可思议的内心世界
- 发掘我们脆弱但惊人的内在力量

这一生为何而来
海灵格自传·访谈录

[德] 伯特·海灵格 著
嘉碧丽·谭·荷佛

黄应东 乐竞文 译
张瑶瑶 审校

- 家庭系统排列治疗大师海灵格生前亲自授权传记，全面了解海灵格本人和其思想的必读著作

人间值得
在苦难中寻找生命的意义

[美] 玛莎·M.莱恩汉 著

邓竹箐 译
[美] 薛燕峰 邬海皓

- 与弗洛伊德齐名的女性心理学家、辩证行为疗法创始人玛莎·M.莱恩汉的自传故事
- 这是一个关于信念、坚持和勇气的故事，是正在经受心理健康挑战的人的希望之书

心理治疗的精进

[美] 詹姆斯·F.T.布根塔尔 著

吴张彰 李昀烨 译
杨立华 审校

- 存在－人本主义心理学大师布根塔尔经典之作
- 近50年心理治疗经验倾囊相授，帮助心理治疗师拓展自己的能力、实现技术上的精进，引领来访者解决生活中的难题

当代正念大师卡巴金正念书系
童慧琦博士领衔翻译

卡巴金正念四部曲

正念地活
拥抱当下的力量

[美] 童慧琦 译
顾洁

正念是什么？我们为什么需要正念？

觉醒
在日常生活中练习正念

孙舒放 李瑞鹏 译

细致探索如何在生活中系统地培育正念

正念疗愈的力量
一种新的生活方式

朱科铭 王佳 译

正念本身具有的疗愈、启发和转化的力量

正念之道
疗愈受苦的心

张戈卉 汪苏苏 译

如何实现正念、修身养性并心怀天下

卡巴金其他作品

正念父母心
养育孩子，养育自己

[美] 童慧琦 译

卡巴金夫妇合著，一本真正同时关照孩子和父母的成长书

多舛的生命
正念疗愈帮你抚平压力、疼痛和创伤（原书第2版）

[美] 童慧琦 译
高旭滨

"正念减压疗法"百科全书和案头工具书

王俊兰老师翻译

穿越抑郁的正念之道

[美] 童慧琦 译
张娜

正念在抑郁等情绪管理、心理治疗领域的有效应用

正念
此刻是一枝花

王俊兰 译

卡巴金博士给每个人的正念入门书

科学教养

硅谷超级家长课
教出硅谷三女杰的 TRICK 教养法

[美] 埃丝特·沃西基 著
姜帆 译

- 教出硅谷三女杰，马斯克母亲、乔布斯妻子都推荐的 TRICK 教养法
- "硅谷教母"沃西基首次写给大众读者的育儿书

儿童心理创伤的预防与疗愈

[美] 彼得·A. 莱文 著
玛吉·克莱恩
杨磊 李婧煜 译

- 心理创伤治疗大师、体感疗愈创始人彼得·A. 莱文代表作
- 儿童心理创伤疗愈经典，借助案例、诗歌、插图、练习，指导成年人成为高效"创可贴"，尽快处理创伤事件的残余影响

成功养育
为孩子搭建良好的成长生态

和渊 著

- 来自清华博士、人大附中名师的家庭教育指南，帮你一次性解决所有的教养问题
- 为你揭秘人大附中优秀学生背后的家长群像，解锁优秀孩子的培养秘诀

正念亲子游戏
让孩子更专注、更聪明、更友善的60个游戏

[美] 苏珊·凯瑟·葛凌兰 著
周玥 朱莉 译

- 源于美国经典正念教育项目
- 60个简单、有趣的亲子游戏帮助孩子们提高6种核心能力
- 建议书和卡片配套使用

延伸阅读

儿童发展心理学
费尔德曼带你开启孩子的成长之旅
（原书第8版）

正念父母心
养育孩子，养育自己

高质量陪伴
如何培养孩子的安全型依恋

爱的脚手架
培养情绪健康、勇敢独立的孩子

欢迎来到青春期
9~18岁孩子正向教养指南

聪明却孤单的孩子
利用"执行功能训练"提升孩子的社交能力

情感操纵

摆脱他人的隐性控制，找回自信与边界

[美] 斯蒂芬妮·莫尔顿·萨尔基斯 著
顾艳艳 译

- 情感操纵，又称为煤气灯操纵，也称为PUA。通常，操纵者会通过撒谎、隐瞒、挑拨、贬低、否认错误、转嫁责任等伎俩来扭曲你对现实的认知，实现情感操纵意图
- 情感操纵领域专家教你识别和应对恋爱、家庭、工作、友谊中令人窒息的情感操纵，找回自我，重拾自信

清醒地活

超越自我的生命之旅

[美] 迈克尔·辛格 著
汪幼枫 陈舒 译

- 樊登推荐！改变全球万千读者的心灵成长经典。冥想大师迈克尔·辛格从崭新的视角带你探索内心，为你正经历的纠结、痛苦找到良药

静观自我关怀

勇敢爱自己的51项练习

[美] 克里斯汀·内夫
克里斯托弗·杰默 著
姜帆 译

- 静观自我关怀创始人集大成之作，风靡40余个国家。爱自己，是终身自由的开始。51项练习简单易用、科学有效，一天一项小练习，一天比一天爱自己

不被父母控制的人生

如何建立边界感，重获情感独立

[美] 琳赛·吉布森 著
姜帆 译

- 让你的孩子拥有一个自己说了算的人生，不做不成熟的父母
- 走出父母的情感包围圈，建立边界感，重获情感独立

与孤独共处

喧嚣世界中的内心成长

[英] 安东尼·斯托尔 著
关凤霞 译

- 英国精神科医生、作家，英国皇家内科医师学院院士、英国皇家精神科医学院院士、英国皇家文学学会院士、牛津大学格林学院名誉院士安东尼·斯托尔经典著作
- 周国平、张海音倾情推荐

原来我可以爱自己

童年受伤者的自我关怀指南

[美] 琳赛·吉布森 著
戴思琪 译

- 你要像关心你所爱的人那样，好好关怀自己
- 研究情感不成熟父母的专家陪你走上自我探索之旅，让你学会相信自己，建立更健康的人际关系，从容面对生活中的压力和挑战

为什么我们总是在防御

[美] 约瑟夫·布尔戈 著
姜帆 译

- 真正的勇士敢于卸下盔甲，直视内心
- 10种心理防御的知识带你深入潜意识，成就更强大的自己
- 曾奇峰、樊登联袂推荐

你的感觉我能懂

用共情的力量理解他人，疗愈自己

[美] 海伦·里斯
莉斯·内伯伦特 著
何伟 译

- 一本运用共情改变关系的革命性指南，共情是每个人都需要培养的高级人际关系技能
- 开创性的E.M.P.A.T.H.Y.七要素共情法，助你获得平和与爱的力量，理解他人，疗愈自己
- 浙江大学营销学系主任周欣悦、北师大心理学教授韩卓、管理心理学教授钱婧、心理咨询师史秀雄倾情推荐

焦虑是因为我想太多吗

元认知疗法自助手册

[丹] 皮亚·卡列森 著
王倩倩 译

- 英国国民健康服务体系推荐的治疗方法
- 高达90%的焦虑症治愈率

为什么家庭会生病

陈发展 著

- 知名家庭治疗师陈发展博士作品
- 厘清家庭成员间的关系，让家成为温暖的港湾，成为每个人的能量补充站

延伸阅读

完整人格的塑造
心理治疗师谈自我实现

丘吉尔的黑狗
抑郁症以及人类深层心理现象的分析

拥抱你的焦虑情绪
放下与焦虑和恐惧的斗争，重获生活的自由
（原书第2版）

情绪药箱
应对12种普通心理问题的自我疗愈方案
（原书第5版）

空洞的心
成瘾的真相与疗愈

身体会替你说不
内心隐藏的压力如何损害健康

心理创伤疗愈之道
倾听你身体的信号

[美] 彼得·莱文 著

庄晓丹 常邵辰 译

- 有心理创伤的人必须学会觉察自己身体的感觉，才能安全地倾听自己。美国躯体性心理治疗协会终身成就奖得主、体感疗愈创始人集大成之作

创伤与复原

[美] 朱迪思·赫尔曼 著

施宏达 陈文琪 译

[美] 童慧琦 审校

- 美国著名心理创伤专家朱迪思·赫尔曼开创性作品
- 自弗洛伊德的作品以来，又一重要的精神医学著作
- 心理咨询师、创伤治疗师必读书

拥抱悲伤
伴你走过丧亲的艰难时刻

[美] 梅根·迪瓦恩 著

张雯 译

- 悲伤不是需要解决的问题，而是一段经历
- 与悲伤和解，处理好内心的悲伤，开始与悲伤共处的生活

危机和创伤中成长
10位心理专家危机干预之道

方新 主编 高隽 副主编

- 方新、曾奇峰、徐凯文、童俊、樊富珉、马弘、杨凤池、张海音、赵旭东、刘天君 10位心理专家亲述危机干预和创伤疗愈的故事

哀伤咨询与哀伤治疗
（原书第 5 版）

[美] J. 威廉·沃登 著

王建平 唐苏勤 等译

- 知名哀伤领域专家威廉·沃登力作，哀伤咨询领域的重要参考用书

伴你走过低谷
悲伤疗愈手册

[美] 梅根·迪瓦恩 著

唐晓璐 译

- 本书为你提供一个"悲伤避难所"，以心理学为基础，用书写、涂鸦、情绪地图、健康提示等工具，让你以自己的方式探索悲伤，给内心更多空间去疗愈

乔恩·卡巴金（Jon Kabat-Zinn）

博士，享誉全球的正念大师、"正念减压疗法"创始人、科学家和作家。马萨诸塞大学医学院医学名誉教授，创立了正念减压（Mindfulness-Based Stress Reduction，简称 MBSR）课程、减压门诊以及医学、保健和社会正念中心。

21 世纪普遍焦虑不安的生活亟需正念

当代正念大师
"正念减压疗法"创始人卡巴金
带领你入门和练习正念——

安顿焦虑、混沌和不安的内心的解药
更好地了解自己，看清我们如何制造了生活中的痛苦
修身养性并心怀天下

--- 卡巴金老师的来信 ---

Dear Mark:

Thank you for the beautiful notes that you included in the package of books (vol 1 and 4) that you send to me recently. I am very happy to hold them in my hands and enjoy the elegance of the designs of both the book covers and the interiors. They strike me as extremely inviting to the reader. Thank you.

Your notes did not include an email address, but Hui Qi Tong, copied here, kindly gave it to me, as I wanted to thank you personally for your kindness and all the great efffort that went into producing them

Thank you as well for the lovely poem of Hui Tai that you gifted to me. I actually included the last two lines of it in Wherever You Go, There You Are, which you also published, of course. I love that poem. It says it all. And I appreciate your translation every bit as much as the one I used.

Hui Qi also gave me a copy of the CMP edition of Everyday Blessings. My wife, Myla, and I were so happy to see it, and how beautifully designed it is as well. And very happy to see that you kept the dandelion imagery. I hope it proves inviting and helpful for parenting in China.

I am very touched to learn that in the process of editing these books, you have taken up your own mindfulness practice in the service of waking up to the actuality of things in the present moment. I am deeply touched to know that, because that is the whole purpose of my writings and my work in the world. As you say, "This moment is already good enough." And I would add, "for now."

With a deep bow and warm best wishes, and much gratitude.

Jon

亲爱的马克：

　　非常感谢你最近寄给我的中文版"正念四部曲"（《正念地活》《觉醒》《正念疗愈的力量》《正念之道》）以及随附上的优美留言。手捧这些书，我深感欣慰，不仅为封面和内页的典雅设计而感动，更因为它们对读者散发出的极大吸引力。衷心怀感激。

　　虽然你的留言中未附电子邮件地址，

但童慧琦细心地向我提供了你的联系方式，使我能亲自向你表达谢意，感谢你和你的团队在这些图书的制作过程中所付出的巨大努力和无私的善意。

　　感谢你赠予我的无门慧开禅师的诗作。其实，我在《正念：此刻是一枝花》一书中引用了这首诗的最后两句，这本书也是由贵社出版的。我深爱诗中的意境，它已然道尽一切。我对你的翻译倍感珍惜，丝毫不逊色于我所使用的版本。

　　慧珠还赠送了一本贵社出版的《正念父母心：养育孩子，养育自己》。我和我的妻子梅拉看到这本书的精美设计，心中充满了喜悦，更为你保留了蒲公英意象而感动。我希望这本书能在中国的育儿方面发挥鼓舞和帮助的作用。

　　听闻你在编辑这些图书的过程中，也开始了自己的正念练习，以此唤醒当下真实的存在，我深感触动。因为这正是我在这个世界上写作和工作的全部目的。正如你所说，"此刻，已经足够美好"（this moment is already good enough），我想我会补充一句，"正是当下的圆满"（for now）。

　　再次致以深深的敬意、祝福与我的感激。

乔恩·卡巴金

为投诉做好准备

如果你付出了很多努力，结果还是出了问题，你想要发起投诉，那么这时要想想据理力争的黄金法则一中所说的：做好准备。

- 要非常清楚你要投诉什么。只是投诉某个酒店"很糟糕"不会有所成效，你的投诉内容需要具体而准确。
- 确保你知道想要投诉的产品的所有缺点。了解所有相关信息，你要清楚你在何时何地购买了这个产品，以及一些细节问题。
- 提前想好你想得到何种赔偿。全额退款能够赔偿你的所有损失吗？你因此支付过其他费用吗？

礼貌地投诉

如果你觉得自己买到了劣质商品，或是没有得到良好的服务，感到恼火是很正常的。但如果你能礼貌地投诉，你的表达会更为有效。请记住，与你交流的人通常并不是犯错误的人，他们只是代表了公司。还记得乔纳森的例子吗？他发泄了愤怒情绪，但根本没有得到退款。

- 称呼对方的姓名是一种礼貌行为，还能确保你得到一对一的个性化服务。因此，如果你在和一家公司的负责人通话，询问他的姓名并以此称呼对方，这有助于彼此建立融洽的关系。要表现出你是一个想要真正解决问题的人，而不是一个"只爱抱怨的顾客"。

- 当你来投诉时，将不满情绪放在公司上。如果你正和一位银行负责人谈话，你可以说"我认为 X 银行应该偿还这笔费用"，这样会比"我认为你应该偿还这笔费用"更为有效。就算你和公司有些争执，你也还是想要与和你交流的这位负责人保持良好关系的。

- 尽量乐观一些。"你们公司在过去提供了很好的服务，我对你们的产品真的非常满意，但这次到货超时也是谁都无法否认的一个事实，你难道不认为这次的物流超期时长远远超过你们通常的标准吗？"

要讲道理

你要讲道理，过分的要求不太可能被满足。在当地超市买的大虾引起你的肠胃不适，你因此想要 3000 英镑的赔偿，这只会让你看起来很傻。

> **实用参考**
>
> "当然，我并不期待你们会全额退款，因为产品质量不错。然而由于物流超期，我损失了一大笔钱。"

"我今天在收到货物的时候发现有些牛油果没有熟。我是为今天的晚宴购置牛油果的，现在我不知如何是好。我想要你们退还我买这些牛油果的钱。"

寻求一个对双方来讲都现实、合理的结果。如果你和一名水管工发生争执，要知道，你不能指望他一天 24 小时都在工作。如果你能表现出你理解他还有很多其他客户，你就更容易得到他的支持。

从补偿中获益

如果你能让公司意识到，它可以从对你的补偿中获益，你就能让产品投诉或服务投诉的工作变得更加容易推进。

实用参考

"我总是告诉我的朋友们，你们公司是一家特别棒的公司。我们已经合作很多回了，但如果这次你们不认识到这个错误，我以后就没办法为你们公司美言了。"

"下次的订单你给我减 10 英镑怎么样？要不然我下次可能要找其他零售商了。"

使用实用参考的第二个句子时要小心，如果你本可以拿到 10 英镑的退款，却要接受下一个订单减免 10 英镑，这可能并非一个好主意。只有在你确定会使用的情况下，才去接受商家"下次购买时减免"的提议，而且要在下次减免比这次直接退款力度大的情况下接受这一提议。

根据谈话的内容提出建议，而不是一味提出自己的要求，这会让你的补偿要求更有可能被实现。

> **实用参考**
>
> "你看这样如何——很抱歉，这个产品没能令你满意，史密斯公司会向你退款，你觉得退款 60 英镑怎么样？"

一个可以提出的好问题是："你不想补偿我或是给我报销的原因是什么？"还记得我们在据理力争的黄金法则三中提到的举证转移吗？与其解释你为什么应该得到补偿，不如让公司解释为何它不应该给你补偿。

你也可以问公司这个问题：

"我只是想再确认一下情况，这件商品的物流超时了，你同意吗？我因此多花了 60 英镑，而且这给我带来了很大的不便，你同意吗？"

这样问是为了在对方回答这些问题的过程中，使你要求的正当性变得显而易见。

请记住，你必须试着了解对方的立场。一个关键问题是你是否有权得到你所要求的东西，或者你的要求是否出于善意。如果是后者，你就得向公司证明给你补偿从经济上来讲是有道理的。

"我使用你们公司的信用卡已经有三年时间了。我觉得你们对我这张卡的收费不合理。如果你们不退还一部分费用，我就要换一家信用卡公司了。"

询问"问题是什么"也会有所帮助。比如，与其问公司"为何做出某种决定"，不如问"做出决定的理由是什么"；与其问"产品为何无法发货"，不如问"在什么情况下可以发货"。

向谁投诉

有时我们很难知道应该向谁投诉，是商店、制造商，还是一些专业机构？我们要考虑两个关键因素：

- 向谁投诉对你来讲最方便？
- 向谁投诉最有可能得出好的结果？

有时商店为了应付顾客的投诉，会让他们联系制造商。你没必要照做，毕竟你把钱交给了商店，在法律上你与商店存在买卖关系，而非与制造商。如果商店愿意，它是可以和制造商联系的。然而，如果商品在购买后的一段时间里出现故障，或是你想要商品得到维修而非退款，你或许可以联系制造商碰碰运气。

关键问题是，商品是在你购买的时候就有缺陷，还是因为你的某种失误操作而损坏的。你越早提出投诉，商家就越难说是你的问题，或者推说是商品的正常损耗。因此，如果某个产品或是服务出了问题，一定要尽早联系供应商。如果是一次并不令人满意的酒店入住问题，最好当场投诉。

基本法律权利

本书无法列出关于不令人满意的消费的所有相关法律，否则本书会变成一本巨著，非常昂贵。然而可以列出以下一些主要原则。

- 购买的所有商品必须符合三个要求：与描述相符、与使用目的相匹配、质量令人满意。
- 令人满意的质量是指商品达到了一个人充分考虑了价格和商品描述后觉得满意这一标准。考虑价格是很重要的。如果你买了一件便宜的产品，就不能指望它能达到贵的产品的标准。
- 如果产品不能符合以上三个要求，责任在卖方。消费者有权"在合理的时间内"要求卖家退款。要知道，你有权拿回你的钱。除非你愿意，否则你不必接受换货的处理。

- 通常情况下，买方要做好货物可能存在缺陷的心理准备。

- 在服务方面，对方需要提供合理的关照和技能服务。服务人员如果没有以悉心关照和技术服务来完成工作，就不应该收取额外的费用。如果你没有得到上述服务，你可以请人来提供服务，或向服务方索赔。

- 如果你是用信用卡支付商品或是服务的，在与货物或服务的供应商的交易中如果遇到任何问题，你有权向信用卡公司索要退款。

保留证据

如果你想投诉，尽可能多地保留证据就非常重要。保留信件和商家回复的副本，把你们之间的所有谈话记录都记下来，给有质量缺陷的产品或是劣质工程拍照留底。

向上级投诉

如果你要投诉的问题很严重，但你并未得到商家及时的回复，就去向上级投诉。写邮件给客户服务部门的负责人，并抄送给公司的总负责人。在公司官网上应该很容易搜到这些人的联系方式。如果你在 14 天内没有收到满意的回复，可以再次发邮件向公司的总负责人投诉。

获得帮助

如果你觉得自己需要帮助，可以去向当地的市民建议厅或者交易标准办公室寻求支持。如果涉及大笔款项，可以聘请律师。许多报纸都设有接受读者意见的版面，这或许是一个值得探索的途径。还有些电视节目专门曝光粗制滥造或是有缺陷的商品。如果这是一个可能对他人也有影响的问题，或者有缺陷的商品和糟糕的服务给你带来了很大的伤害，你甚至可以联系国会议员来解决问题。

另一个途径是向专业机构投诉。如果是来自专业机构的人员为你提供了糟糕的服务，那么向它们投诉理所应当。例如，律师由律师协会负责。

正确示范

乔纳森："你好，是鞋店吗？"

蒂娜："先生，早上好。我是蒂娜，有什么可以帮您的？"

乔纳森："蒂娜你好，是这样，我昨天从你们店里买了一双鞋，昨天下午我才第一次穿。让人不敢相信的是，我昨天第一次穿它们出门，鞋底就坏了。我只是带我女儿去公园散了个步。"

蒂娜："听到这个消息我很遗憾。您有收据吗?"

乔纳森："我有收据的，我还拍了照片。"

蒂娜："好的，如果您把这些东西拿到店里，我们能帮忙修理一下鞋子。"

乔纳森："蒂娜，事实上我更想要退款。我不确定一双修理过的鞋子会和新鞋子一样好。我还要多说一句——我常常在朋友面前夸赞你们公司的产品。"

蒂娜："先生，听起来您的确有权要求退款。这样吧，您可以来店里找我，我亲自处理这件事，看看能不能给您一张代金券，并给您退款。"

乔纳森："你的提议听起来不错。"

总结

在投诉产品或是服务时，态度要礼貌而坚定。你要清楚地知道什么是错误的，以及如何纠正。你的要求要合理。在与公司打交道的时候，尽量与和你沟通的人保持良好的关系。如果有必要，你也可以向公司上级投诉。如果你还是没有得到满意的处理或回复，别忘了还有很多其他机构可以为你提供帮助。

实践

　　如果你对某家公司多有不满，和有同样经历的人聊聊，看看能否得到有用的建议。确保你对投诉的所有细节都进行了准确记录。保持冷静，客观地看待这一切！

15

第 15 章

如何与专家打交道

在和专业人士（班主任、银行家、医生等）打交道时，有时会有些困难。不可避免地，你会觉得他们拥有你不具备的专业技能，这让你在与他们辩论时处于劣势。然而，如果你觉得专家做出了错误的决定，你要相信自己，这是很重要的。和专业人士辩论需要一些专业技巧。

错误举例

医生："我不明白，你为什么又来了。我上周已经告诉过你，你的身体很好，什么毛病也没有。"

山姆："是的，但是医生，我还是觉得不舒服。"

医生："上周我给你仔仔细细地检查过了，你的身体真的没什么问题。"

山姆："但我还是感觉不舒服。"

医生："恐怕我无能为力。"

山姆："我感觉比上周更难受了。"

医生："山姆，还有很多患者等着我呢。"

山姆："好吧，看来我得走了。"

有很多方法可以帮你找到和专家进行辩论的正确打开方式。以下是一些关键性原则。

尊敬专家

大多数专家都精通自己的专业，虽然并非所有专家都是如此，但不对他们表现出应有的尊重也没什么好处。许多专业人士都有一定的权力和相当多的经验，他们习惯与"挑剔的客户"打交道。惹恼他们、浪费他们的时间，或者不认可他们的专业技能，这些不会给你带来任何好处。没有人喜欢被反驳，而专家又特别容易受到冒犯。

除非他们请你称呼他们别的称谓，否则请叫他们"X 女士""Y 先生"或"Z 博士"。永远不要去暗示你知道的比他们多。确保你在所有会面中准时赴约。注意所有这些细节就能让他们更愿意听取你的想法。

做好准备

想想据理力争的黄金法则一。有些人觉得与医生、律师或其他专业人士会面令人生畏。因此，提前想好你想说的事特别重要，提前写出来也会有所帮助。人们常去看医生，但不知为什么，却从来没能和医生聊聊自己真正担心的事情，这种情况非常常见。甚至（如果你感到很害怕的话）你可以

把想问的问题列出要点交给医生。事实上，医生会觉得这样
能最为高效地利用他们的时间。

当医生来家里帮你看病时，如果你听说过针对你的病情
的其他治疗方法，要了解其信息来源（比如网站）。当你在与
专业人士打交道时，如果你能够通过引用报纸文章或是专家
资料来证实你所说的，你的论点会更有说服力。

同样，如果你想要向银行贷款，请做好准备。确保你了
解自己财务状况的关键细节，表现出你作为一个谨慎的银行
客户，已经深思熟虑过相关问题！

简明而准确

通常专业人士只想了解你所说事情的要点，而非整个故
事。他们主要会对关键事实感兴趣，所以你要事先想好他们
需要知道什么。如果你打算告诉医生你摔倒了，医生不需要
知道关于你怎么摔倒的漫长故事！告诉他们你所认为的关键
事实，他们可能会问你一些他们真正需要知道的事情。

用1分钟告诉医生关键事实，用9分钟回答医生提出的
问题，这可能比用10分钟讲很多不相干的信息更为有效地利
用了时间。尽量合乎逻辑地陈述你的信息。如果你在向一位
建筑师咨询问题时，用10分钟的时间来描述你的想法，用
50分钟来回答他的问题，那么这要比用50分钟来谈论自己
的看法、用10分钟来回答问题更有成效。

人人是专家

一个人在某个领域是专家，并不意味着他在所有领域都是专家。你是你自己人生的专家。令人惊讶的是，有些人似乎认为，专家只是因为在某个话题上有足够的知识储备，就可以对任何事情发表自己的见解。因此，医生或律师了解许多医学或法律知识并不意味着他们了解你的一切。事实上，请记住：

> 你是你自己人生的专家！

当你和医生交谈时，医生了解医学，但无法解释你的感受。这位医生可能是银屑病方面的专家，但在银屑病如何影响了你的生活这方面，你才是专家。

幸运的是，很多医生意识到了这一点。过去，医生会告诉你你得了什么病，需要注意些什么，现在医生一般不这样做了，而通常会告知你一些现有治疗方法的信息，和你共同讨论哪种治疗方法最适合你。人们有时候会对这种方式感到不安，但它通常都有很好的效果。尽管如此，还是希望你不会遇到下面这样的医生（来自一段真实的对话）。

错误举例

医生（在阅读病例记录）：*"啊，你有一个儿子和一个女儿。"*

> 患者："不，我有两个女儿。"
>
> 医生："真的吗，你确定吗？但病例上写的是……
> （核对笔记）哦，你说得对，你的两个孩子都是女孩儿。"

同样，当你在和孩子的班主任打交道时，记住在对孩子的了解方面，你是专家。他们虽然在教育方面是专家，但你了解你的孩子的内外和外在，可以无条件地成为他们的支持者。

一般与例外

在处理特定类型的案例时，大多数专家都有标准方法。通常，他们会遵守一般化的指导原则，采用经过验证的治疗方法或行为方式（form of action）。一般情况下，这些方法效果良好，但如果你感觉它们并不适合你，你就要解释为什么你是个"例外"。你要承认，对大多数人来说，专家给出的建议都是很好的，你要解释为什么你认为你的情况与大多数人不同。

记住，你是自己的专家。心脏科咨询师或是律师可能已经见过你了，并以你"31岁女性"（或其他身份）的特质来看待你。他们并不了解你这个人。除非你告诉他们，否则他们不会知道你并非一个一般案例。你需要向他们解释你有什么与众不同的！

不要害怕提问

如果你对得到的专家答复不满意，不要担心，你可以有礼貌地提出问题。

> **实用参考**
>
> "你还有什么其他的建议吗?"
>
> "说实话，你提出的办法没有一个令我满意，没有别的办法了吗?"
>
> "你可以展开讲讲，为什么你觉得那个选择比……更好呢?"

从医学上讲，别忘了你有权拒绝治疗。这是你的身体，你永远有权利说"不"。如果你对医生给的建议不满意，你随时可以告诉医生你需要时间考虑一下。一位好医生会尊重这一点。

在很多案例中，医生做出了错误的医疗诊断，或是律师给出了错误的建议，都是因为患者或客户没有说出所有相关事实。如果你有自己认为很严重的担忧或是很重要的问题，提出来! 不要感到尴尬。大多数医生和律师都听说过各种奇怪的事情。宁可感到尴尬而得到最佳建议，也不要因为好面子而得到不好的建议。

在和律师或医生打交道时，你要清楚自己得到了什么建议或信息，这一点非常重要。由于患者没有正确理解如何服药，发生过很多可怕的事情。如果你不确定自己是否听懂了专家的建议，请他们再向自己解释一遍。如果能请他们将这些内容写下来给你，那就更好了。

如果在你回家后，你想起来有些重要的事情忘记说了，你可以再去联系这位专家。大多数医生和律师都可以通过电话联系到，因此通常没有必要重新预约。最坏的情况就是可能会浪费他们一些时间，但是联系专家可能会避免你做出糟糕的决定。

我主要围绕医生和律师的例子来解释这一点，但不用说，这一原则也适用于我们所接触的所有专业人士。多多提问，别担心自己会看起来很蠢。即使你认为问题的答案显而易见，在这个问题令你感到烦恼的时候，你也可以提出来！在许多类似关系中，你是付了费的消费者，你有权花时间来让事情发展得令你满意。

确认专家意见

即使你已经问了许多问题，但如果你还是不满意，那么向专业人士询问更多信息也没什么不可以。所有优秀的专业人士都明白，坏消息是很难被接受的，前来咨询的人需要从不同渠道听到这一消息，才会真正相信。

实用参考

"非常感谢你的详细解释。我还有很多需要考虑的。有什么途径可以让我参阅更多信息吗？你有相关网站可以推荐给我吗？"

"你所说的这个消息令我非常难过。我想我得和其他人讨论一下，你有合适的人选可以推荐给我吗？"

你可以在网上查查专家的意见，也可以问问朋友或是咨询一下其他专业人士。如果你的抵押贷款顾问向你提出令人意外的建议，可以自己去找找其他建议，你可以搜索抵押贷款和银行的官网来了解事实。

另外，如果你在网上搜到的信息或是你朋友的医生的建议与你的医生的建议不同，不要认为你的医生所说的一定是错误的。你朋友和你的情况不同，其中可能有很多合理的原因。如果这让你感到困扰，你可以找自己的医生，不要担心，你可以礼貌地问他为何给出与其他医生不同的建议。

难打交道的专家

到目前为止，我所假定的一直是你接触的医生、律师或者其他专业人士都很通情达理，但有时候我们会碰到很难打交道的专家，有些专业人士让人觉得傲慢而自负。他们能为我们提供帮助，我们似乎必须感到非常荣幸。特别是在你已经感到不舒服的时候，和这样的人打交道会非常困难。

你要知道，大多数在自己领域取得相当多成就的专家不会这样。事实上，一个总是试图表现出高人一等的样子的人很可能是在掩盖自己的不自信。在这种情况下，最好是能找到其他专业人士来帮你解决问题，如果暂时无法找到，以下是一些建议。

第一，不要因为一个人没有什么社交技能就认为他不能胜任自己的工作。第二，不要把他做出的一些无礼行为认为是针对你的，你的医生或律师不太可能因为个人原因而不喜欢你。他可能对每个人都这样。他的确不应该做出无礼行为，但这可能有助于你接受你正在打交道的人是一个难以相处的人。第三，不要变得咄咄逼人或是傲慢自大。用简单、冷静的方式请对方进一步解释。第四，别忘了你随时可以去咨询别的专家。如果你得不到想要的服务，也没有必要忍受他的无礼。

如果你在与专业人士的交流中陷入了僵局，你需要使用你所学到的最好的辩论策略。想一想据理力争的黄金法则三——重要的不是你说了什么，而是如何说。在养老院与照顾你长辈的护士长讲道理时要特别小心。要保持冷静、讲道理，必要时说些恭维的话，或者"利用"专业人士来达到你的目的。

进一步投诉

几乎所有专业人士都从属于某个专业机构。如果你实在无法感到满意，你可以向机构投诉。至少这样你能得到一些解释。然而，大多数专业机构只会对那些明显低于预期标准的专业人士采取行动。

正确示范

医生："我不明白，你为什么又来了。我上周已经告诉过你，你的身体很好，什么毛病也没有。"

山姆："非常感谢你能再次给我看诊，从上星期开始，我这些地方都疼得厉害。"

医生："我上周已经给你检查得很仔细了，你身体很好，什么毛病也没有。"

山姆："我知道，但这些是我新增的病痛，它们真的非常困扰我。如果你能再给我检查一下，我就放心了。"

医生："好吧，我再给你检查一下。"

总结

在与专业人士打交道时，要保持礼貌和尊重。要记住，虽然他们掌握了很多专业知识，但只有你最了解自己。如果你觉得他们给出的建议并不适合你，你需要解释一下为什你是特例。向专家提问，看看专业人士对其他来源的信息意见如何。记住，在最后，你要决定是否遵从专家的建议，选择权在你自己。

实践

熟练使用互联网来搜索你所面临问题的相关信息，尝试向专家提问，确保你理解了他们的建议，并认真回答了他们的问题。

CHAPTER 16

第 16 章

在意识到自己错了时如何辩论

天哪！我们今天早些时候的辩论令人信服，但现在不行了，我们曾经确信无疑的事实现在看起来似乎是错的，曾经以为清晰的逻辑现在变得模糊不清了。很显然，这场辩论失败了。我们都遇到过这种事，该如何处理这种情况呢？

错误举例

玛丽："恐怕阿尔弗雷德的观点是建立在看似可疑的数据之上的，他忽略了我曾提出的另一种可能性。"

阿尔弗雷德："玛丽完全曲解了我的辩论和观点。我们不应该听她的。"

玛丽："阿尔弗雷德，如果你愿意的话，我们可以把数字再核对一遍。"

阿尔弗雷德："我想我们已经够无趣的了。"

玛丽："那就采用我的提议好吗？我可以提供数据来支持我的提议，而你的数据漏洞太大了。"

阿尔弗雷德："不可能，我的数据很好。"

> 玛丽："如果采用你的提议，公司会遭受很大损失。你的一些数据是错的，也许你不能胜任自己的工作。"

如果你在辩论中意识到自己的观点有些错误，那么你需要坦诚面对。当你的观点明显错误时，像阿尔弗雷德那样继续争辩只会让所有人尴尬，会给他人留下不好的印象。也就是说，任何由糟糕的辩论所导致的负面结果都可能一直加剧，而你可能会受到责备。

当你意识到事情出了问题时，以下是一些好的处理方法。

停止辩论

当你知道自己错了时，停止辩论很重要。当你意识到自己的辩论大势已去时，逞强继续争辩只会让你看起来很傻。你会失去别人的尊重，很难有什么收获。然而你需要确认你是不是真的已经输掉了这场辩论。有可能你只是在某个特定话题上处于下风，这并不意味着你输掉了整场辩论。就像在网球比赛中一样，优雅地失去几分并不意味着你会输掉这场比赛，你只需要更努力地去赢得剩下的分数。

接受失败

当你意识到你在一场辩论中大势已去时，一个关键问题是你要不要承认自己输了，还是直接换个话题讨论。这取决于以下几个问题：

- 这个问题需要得到解决吗？如果需要做出决定，除了同意对方的提议，可能别无选择。你可以用不丢面子的方式来做这件事，不要说自己错了，只承认对方的提议有可取之处。

- 这是一个对方非常关心的问题，还是一场友好的讨论？如果这只是一场友好的讨论，那么你可以充满善意地认输。如果对方非常关心某个问题，那么你最好把注意力放在他们的提议上，不要再进一步讨论你的建议了。

- 如果你承认自己错了，就会为你赢得尊重吗？这听起来可能很奇怪，但有时人们会更为尊重那些坦率承认错误的人，而不是那些试图回避自己所犯错误的人。诚实的力量永远不应被低估。

实用参考

"好吧，你驳倒了我的第一个论点，我不会再讨论它了，但你要知道，我有三个论点来支持论证，其他两个仍然成立。"

结束辩论

　　还记得据理力争的黄金法则十吗？如果你已经输了，就输得体面些。你当然可以优雅地承认失败，然后继续过好你的一天。

实用参考

　　"你说的话对我真的很有帮助，我想你是对的。"

　　"我现在对情况有了不一样的理解，我们来按你的方式行动吧。"

　　"我想我弄错了。你说得很有道理。"

　　"你的建议很棒，我们就按你的建议来吧。"

　　然而你可能并不想以承认失败的方式来结束一场辩论。在这种情况下，最简单的方法就是换个话题讨论。

实用参考

　　"嗯，这是一个很有趣的问题，但恐怕我要先走了。"

　　"如果我们继续讨论这个话题，我们脚下都能长出草来了。我想问你关于……"

　　"我们下次再讨论这个话题吧，现在我得去……"

这些都是可以结束谈话的有效方法。如果对方坚持要你在走之前做出一些让步，那么你可以说一些模棱两可的话。

实用参考

"嗯……你一下子需要我考虑太多事情了。"

"我得离开一下，好好想想所有这些事情。"

报以歉意

有时在争吵之后你需要道歉，当然，也不总是这样，你也可以优雅地、有尊严地输掉一场辩论，但也许你做了需要道歉的事，你可能事后意识到自己行为不佳。在争论中你可能说了一些让你现在非常后悔的话。

道歉是非常重要的。

你还记得别人向你道歉时的场景吗？道歉在不同的情境中也有所不同，仔细想想在别人向你道歉时你感觉如何，这可以帮助你学会道歉。

当然，为犯了一些小错误而道歉也有可能适得其反。在一些小事上，简单地说一句"我很抱歉"就已经足够了。以下这些例子可以应用于一些严重的事情已经发生，往往需要一个恰如其分的道歉的情况下。以下是一些要点。

- 如果你还有时间，仔细想想你的道歉应该怎样措辞。
- 想想你哪里做错了。
- 在道歉时，应该承认你的行为给对方带来了伤害。你要向对方传达你所了解的事实，以及你已经知道这件事让对方很痛苦。如果你不确定给对方带来了多大程度的伤害，就问问对方。
- 承担责任。一个恰如其分的道歉首先是承认你给对方带来了伤害并愿意负责。这就解释了为什么人们觉得一些政客的道歉干巴巴的、毫无诚意，简直就和没道歉一样。比如以下两句：

"如果我的话冒犯了你，请接受我的道歉。"

"我很难过地得知，有些人对我的评论感到不安。"

这些都不是恰如其分的道歉，因为它们并没有为对别人带来的伤害承担责任。事实上，这些道歉会让人感觉是被冒犯的人自己的问题！

- 在恰当的时候做出解释。让对方明白，你并非不会为伤害他们而负责，自己通常不会做出那种事的，只是当时太有压力了（或是太累），所以给对方带来了伤害。也许是因为你没有表达清楚，所以给对方造成了误解。向对方解释你真正的意思，并为自己没有表达清楚而道歉。

- 试着与你要道歉的人产生共情。

> **实用参考**
>
> "我真的很抱歉跟你说了那样的话，我知道如果
> 有人对我说这样的话，我也会很生气的。"
>
> "我知道你肯定认为我很糟糕。我没有表达清楚，
> 因为我那时太累了。我真的很抱歉说了那些话……"

你可能觉得对方反应过度了，但承认他们受到了伤害仍然是值得的。

- 如果条件允许，想出一个实用的方式来表达你的歉意。也许是给对方买个礼物、安排做一次（汽车或水管）修理、带他们出去吃个午餐，或者只是对他们好一点，这些都可以弥补你给他们带来的伤害。

在应用这些技巧时，要知道你通过道歉想要达到的目的是什么：为了向对方表明你会为你所带来的伤害承担责任，并承认你不应该那样做。在理想情况下，你希望通过这种方式来让对方原谅你，不会对你怀恨在心。重要的不是说出道歉的话，而是最终结果如何。你自然不愿开口道歉，自尊心挡住了去路，人们讨厌这样做。然而对于修复一段关系（不管是商业关系，还是个人关系）来讲，道歉是一个极为有效

的工具。有太多关系因为缺少几句道歉的话而持续恶化。

正确示范

玛丽:"恐怕阿尔弗雷德的观点是建立在看似可疑的数据之上的,他忽略了我曾提出的另一种可能性。"

阿尔弗雷德:"玛丽,你说得对。非常感谢你说出对数据的疑虑。我是从会计部拿到这些数据的,我本以为它们准确无误。然而,我今天才知道,再次核对这些数据是多么重要。"

玛丽:"阿尔弗雷德,谢谢你。"

阿尔弗雷德:"这样的话,我可以支持玛丽的提议。不过不知道我的提议中是否有一些想法,可以对你的提议巧妙地加以补充?"

玛丽:"这听上去很有意思,你来详细说说吧。"

总结

如果你意识到自己错了,仔细想想是你的整个辩论都有问题,还是只是一部分有瑕疵。如果整个辩论都立不住脚,就马上停止辩论吧。必要的话,向对方道歉,将事情向前推进。想想据理力争的黄金法则十,维系关系至关重要,以一种可以使双方关系朝着积极方向发展的方式结束争论。

实践

　　想想某些人明显犯了错误却还在争吵的情境。你当时是怎样看待他们的？学会恰如其分地道歉，探究怎样道歉更为有效。请参阅据理力争的黄金法则十来获得这方面的建议。

CHAPTER 17

第17章

对同一问题争论不休

你发现自己一直在和人争论吗？你可能总是和某个特定的人争论，每次你一遇到他，就会以一场争论收场。这个人或许是一个无时无刻不喜欢和你唱反调的同事。或者在你的生活中有一个特定的问题，每次它出现的时候，你会发现自己很难不失控。或许你已经发现了，和伴侣在一起的每一天都有争吵，你们的生活似乎就是一场无休止的吵嚷比赛。又或者你是那一类父母：每天花很多时间对孩子大喊大叫，而不是与孩子真正地沟通。对于这些情况，我们能做些什么呢？

错误举例

迈克尔："我要跟你说多少遍，你才肯去洗碗？"

汤姆："最近我实在太忙了。"

迈克尔："也许你今天的确很忙，但昨天和前天你也一样忙吗？每次我叫你去洗碗，你总能编出一个新的借口。"

> 汤姆:"我很抱歉。"
>
> 迈克尔:"你说道歉倒是说得好听!做出点行动来吧。"
>
> 汤姆:"好好好。"

这场辩论的悲哀之处在于,人们会有这样一种感觉:几天之后还会发生同样的争论。

如果你发现自己处于不断争论的循环中,以下是一些建议。

避免争论

如果你知道某些特定的事、某些人或某种情境总是让你很烦恼,那就远离它们!我理解有一些情境你是绕不开的,但是解决大多数惹你心忧的问题的最好办法就是避免遇到它们。在一个重要问题上充满激情并展开辩论可能是件好事,但如果你发现自己总是在与人辩论,情况就没那么理想了。你与人持续辩论所带来的压力会影响你的个人健康和人际关系,这样很不值得。

> 只有在你能改变一些事情或是影响一些人时,才去与人争论。

做出决议

避免争论固然很好，但如果你的同事、朋友或伴侣与你在讨论一个问题，一直没有解决办法时要怎么办？争论反复出现的一个常见原因是眼下的本质问题从未得到根本解决。在争论中，双方核心的分歧点常常被彼此的中伤和口头争吵所掩盖，这种现象似乎很明显，但还是常常出现。在一个双方有争议的问题上，双方的意见极其不一致，但这个问题永远不会得到解决。在这种情况下，双方都不觉得对方理解了自己的观点，他们继续对对方抱有不满。每当他们遇到这个从未得到解决的问题时，双方的不满情绪就会悄然酝酿，使关系一步步走向恶化。

例如，如果你觉得一个人对你撒谎了，双方都争论过这件事，那么无论何时你们相见，你的心中总会潜藏着一种无法信任对方的感觉。在这种情况下，你可能会觉得每次都在和对方争执不同的问题，而实际上是双方一直没能妥善解决问题，并引发了隐藏的信任危机。

针对反复出现的争论，做出决议是关键。首先要识别出本质问题，之后一起理性地讨论，仔细倾听彼此，找到共识。在据理力争的黄金法则九中提到的化解僵局的技巧会很有帮助。

求同存异

求同存异可能只是一种回避解决问题的伪装，要多加小心。但是，对于结束反复发生的争论来讲，它是一个有用的工具。如果你能说清楚你为什么不同意，那它的效果最好。

> **实用参考**
>
> "我们之所以会在是否应该提高失业救助福利的问题上存在分歧，是因为你认为失业人群是需要得到帮助的弱势群体，而我认为他们是懒惰的乞讨者。"
>
> "我们之间分歧的核心是，我认为我们的车多修理几次后还能再开一年，但你认为这辆车马上就报废了。"

如果你们能发现引发分歧的根源，并达成一致，你们就能将事情顺利推进。你可以选择求同存异，或是找到化解分歧的方法。只要双方都可以接受求同存异的方法，辩论就能得以平息。辩论已经持续了很长时间，双方都已充分倾听了对方的观点，但仍然坚定自己的观点，愿意求同存异。这样双方的关系就得以维系，可以继续向前发展。

善用幽默

有时候运用幽默是解决争辩的最好方式。比如，当你和伴侣正在辩论要怎么叠浴巾时，你要告诉自己，当你们彼此非常相爱时，因为一些鸡毛蒜皮的小事而心烦意乱是多么没必要。你可以做一些看起来很傻的事（把毛巾折成头饰的样子），或者提出一个搞笑的解决方案："我们目前唯一的解决方式就是请牧师来教我们怎么叠毛巾了。"

幽默可以缓解紧张的局面。人们可以将幽默细胞发挥在工作中、跟兄弟在足球场上踢球时、和孩子待在一起时，甚至是和清洁工聊天的过程中。"我知道我总是叫你用吸尘器去吸一吸蜘蛛网，我只是不想让咱们的客厅充满鬼屋的气氛罢了。"

要小心运用幽默，避免让对方觉得你没有认真地对待辩论。在使用幽默这个工具时，你需要有较强的判断力。如果使用得当，它会非常有效。

徒劳无功

我们每个人都有自己的专属"频道"，在这些我们最喜欢的"频道"上，我们无法理解为何有人会不同意我们的观点。我认识一个狂热地支持器官移植的人，他支持用死去之人的器官来拯救那些需要器官移植的人的生命。他简直不能理解为什么有人会不同意他的这种看法。他不断提起这一话题。如果一个问题已经讨论很多次了，那么最好对它放手。

> **实用参考**
>
> "听着，我们在这个问题上一直兜圈子，就别谈这个了吧。"
>
> "我想我们再怎么讨论这个话题也是徒劳无功。我们还是聊点别的吧。"

你也要意识到自己的弱点在何处。你可能想象不出有什么话题会比讨论死刑更为有趣了，但你的朋友在这个话题上可能不会有你那股热情。很少有人喜欢一遍又一遍地讨论同一个话题，他们会觉得你很无趣，因此，还是找点别的话题聊聊吧。

是否值得

我们在据理力争的黄金法则二中讨论了一部分相关的话题，那时我们探讨了什么是辩论的合适时机和情境。如果你发现你一直在为同一个问题而争辩，那你可能要思考一下这样是否值。如果有人不停地说一些你觉得很烦人或是感到冒犯的话，你认为是否值得与其争辩呢？现在有些人喜欢在争辩中挑拨关系、煽动情绪。不要上了他们的当，除非你享受这样的争辩!

在与伴侣和孩子的关系上，多想想是否还要继续争辩，这尤为重要。你可能会发现你的伴侣或孩子做的很多事都惹你烦扰，然而如果你开始与他们争辩或是抱怨，你最终会筋疲力尽、沮丧至极，你们之间的关系也会受到损害。对于挑起争端要谨慎，仅仅因为它让你烦恼并不意味着它值得辩论。比如，即便你告诉过伴侣不要这样做，他也总是把裤子乱丢，但这值得展开一场争辩吗？你能通过与伴侣争辩一番获得什么呢？你的有些习惯他能忍受吗？试着从多个角度看待正在进行的争辩，再决定是否要继续。有时候适用于父母与孩子相处的建议（不要期望孩子的表现能超乎预期，要耐心一点，记住你是一个成年人）也同样适用于伴侣关系。

> "赐予我平静，去接受我无法改变的事情；赐予我勇气，去改变我能改变的事情；赐予我智慧，去分辨两者的不同。"
>
> ——"静心祷告"，来自某匿名戒酒会

同样要记住，无论你认为自己有多么强大，都不会令你的伴侣改变太多，所有处于长期恋爱关系的人都能证明这一点。至少你不应该期望对方会因你而改变。大多数人是有自己的局限性的。你不可能把你觉得邋遢的女朋友变成好莱坞电影明星，或者把你"蓬头垢面"的丈夫变成帅气的模特。爱他们本来的样子，而不是你想让他们成为的样子。

如果反复争吵引发了你的情绪困扰和健康问题，那么你很有必要借助专业人士来帮助解决问题。不管是对你爱的人，还是当你和专业人士打交道时，如果有些辩论只是因为一时赌气，那么你要知道你得接受对方本来的样子，并想想与他们争辩是否值得。争辩是一种选择，你要选择对你最为有利的方式来维系你的人际关系。

考虑离开

即使你已阅读本节全部内容，你可能会发现争辩仍在继续。办公室生活就是一场旷日持久的争辩，最好的应对策略就是一直向前看。工作场所应该是有趣的地方。如果你总是和你的建造商发生争执，那就换个新的建造商继续合作。如果你的保育员不能听从你的想法，那就聘请一位新的保育员。如果你无法解决争议，就寻找其他的解决方案，但是在你离开之前，不要认为问题总是出在对方身上。如果你每天都要应对很多争议，你很容易认为是对方咄咄逼人，而自己非常讲道理。正如我们所看到的，争辩往往掩盖了很多问题。你要仔细考虑离开的后果，你可能会因此失去一份友谊，或是遭受经济损失。

三思而后行。

也许我可以用这句名言警句来提醒我们如何处理人际关系。当然，如果在一段关系中存在暴力问题或心理虐待，一定要离开。然而除此之外，也可以考虑一下寻求心理咨询。如果你和某人进入了一段亲密关系，很可能有很多理由让你想和这个人在一起。你已经投入了大量的时间和精力来经营这段关系。你的一部分身份认同感已经与这段关系紧密交织。你已经对这个人做出了承诺，或许还要对你们的孩子负责。当你陷入困境时，离开这段关系当然是一个选择，但在此之前你要尝试各种方法来调和这段关系。研究表明，认为自己离婚后会更快乐的男人，在离婚后大多数都并不快乐，而离婚的女人正好相反！

思考原因

如果你发现自己一直在与人争辩，你很容易就会认为一切都是对方的错：

"玛丽真烦人。"

"现在的人都这么粗鲁。"

"我的爱人真是太不体谅人了。"

然而通常都是一个巴掌拍不响。诚实地思考是什么引发了争执。你经常抱怨吗？有什么事情会经常引发争执吗？疲惫常常会让你与人争辩，还是说工作压力会让你变得咄咄逼人？如果你能找到总是让你想吵架的那个触发点，你在日后就可以对其多加留意。你甚至可以把它变成一个笑话："天哪，现在是周一早上，是时候找人吵吵架了。"

避免失控

在一次又一次发生的辩论中，人们很容易变得焦躁不安，让辩论升级为一场激烈的争辩。一个常见的现象是：别人随口说的一句评论，你因为听到了太多次，以至于对它感到厌恶，它可能就会成为一场争辩的原因。你要非常清楚，争辩可以迅速升级。你要迅速采取行动来制止它，你要对你自己或是辩论对方的声音变化非常警觉，它们有可能预示一场争辩的爆发。赶快离开，马上为自己发了脾气而道歉（这并不代表你接受了对方的观点，只是你意识到你们辩论的方式失控了）。

> **小贴士**
>
> - 不要翻旧账，关注于眼前问题。
> - 不要进行人身攻击，说些与争论无关的话。
> - 谈谈你的感受。
> - 在合适的时候要道歉。

记住，争辩是很容易升级的。

夫妻争辩的五件事

在讲解如何避免陷入反复争辩的本章末尾，我们来简单看看在亲密关系中引发争辩的常见原因。研究人员列出了引发夫妻争辩的一系列原因，你可能已经猜到了一些，其中前五名分别是：

- 金钱
- 前任
- 家务
- 陪伴时间
- 烦恼

如果你确实发现你们一直在为其中的某件事争论不休，最好花点时间坐下来考虑考虑这个问题的影响因素是什么。最好事先做好计划，避免为同一件事争论不休。例如，就你们每周的预算达成一致，这样你们就能知道双方期望的花销是多少；列出家务清单，做好公平分配；把你们的日程放在一起做计划，花点时间待在一起；共同讨论那些不断困扰你们的争议，比如早上如何共用浴室。通过解决这些问题，你们可以走出对同一问题争论不休的状态。

正确示范

迈克尔："我要和你说多少遍，你才肯去洗碗？"

汤姆："真的很抱歉，最近我实在太忙了。"

迈克尔："也许你今天的确很忙，但昨天和前天你也一样忙吗？每次我叫你去洗碗，你总能编出一个新的借口。"

汤姆："好吧，迈克尔，我承认你说得很有道理。我想我们需要好好谈谈，来确定一下如何分配家务。"

迈克尔："我觉得这是个好主意，你今晚有空吗？"

汤姆："今晚我有空。"

不用说，在你处理与孩子、亲人、朋友、同事之间的关系时，这种方法也同样适用。

总结

你不必一直在同一个问题上与人争论不休，尽快解决它。可能是通过忽略某些话题，或者与对方求同存异。也许你需要一次交心的谈话来一劳永逸地解决这个问题。无论怎样，不要陷入对同一问题争论不休的状态中。

实践

问问自己为什么会一直与人争辩。是否有需要避免的诱发因素？问题出在你身上还是对方身上？还是说你们双方都有问题？你要非常诚实地回答这些问题。

CHAPTER 18

第 18 章

受气包

你是个受气包吗？你有没有发现你从来没有为自己挺身而出过？你有没有发现你总是同意去做一些本不愿意做的事？为了避免发生争执，你牺牲了太多，以至于每个人都把你当成一个老好人来看待？如果是这样，这一章就是为你而准备的，是时候做出行动了。

错误举例

朱："波比，你今晚能多待一会儿，把这个项目完成吗？"

波比："我本来要和老公去约会的，但如果事情真的很重要的话，我就改天去约会吧。"

朱："波比，谢谢你。既然你留在这儿，你能帮我在网上订一张下周去阿尔加维的便宜机票吗？"

波比："哦，好的。"

朱："谢了！你知道公司这个月不会发加班费的吧？"

波比："哦。"

朱："波比，谢谢你，你实在太好了。"

也许本书的很多读者都没当过受气包，但不管你信不信，有很多人在生活中常常是个受气包。读到这儿，如果你感觉自己可能是其中一员，那么你要做出一些改变了！对你来说，一个主要问题就是你对与人辩论和维护自己这些事情没什么信心。阅读这本书对你来说将是一个好的开始。

> 人不会受命运的摆布，而是喜欢用自己的思想画地为牢。
>
> ——富兰克林·D. 罗斯福

你真是个受气包吗

如果你觉得自己是个受气包，仔细想想对自己做出这样的评价是否中肯。在很多工作岗位上的人都觉得自己比别人做得多，但当你查看数据时，会发现事实并非如此。很多人都会低估同事的工作量。请你尽可能诚实地问自己：

- 你的工作时间比别人长吗？
- 你的工作得到认可了吗？
- 你的工作中有别人的功劳吗？
- 最后是你去做了别人都不想做的工作吗？

不要以为你总是被别人占便宜，尽量对自己做出中肯的评价。上面列出的所有问题也适用于家庭关系，即一方觉得他们总是在某件事上比另一方做得更多。我们常常意识不到别人做了多少。判断一段人际关系中双方工作量是否平等的一个好方法是：看你们两个人是否有相同的"自由"时间。

受气包都是小天使

如果你发现自己是一个受气包，那你很有可能是一个很好的人，受气包几乎都是善良的、敏感的、乐于助人的。受气包拥有很多优良的品质，所以如果你是这样的人，请不要完全地否定自己。然而，如果因为你喜欢助人为乐，就不去好好照顾自己或是自己所爱的人，这就有一些问题了。在本章开头的情境中，波比很热心地帮助朱，但她是不是没有考虑到自己的老公？或者，她是不是牺牲了自己一个愉快的夜晚？

如果你是个受气包该怎么办

学会说不

艾尔顿·约翰[○]（Elton John）曾说，"对不起"是最难说出口的话。如果是这样的话，那"不"该是第二难说出口的话了。我要承认我过去的确觉得说"不"很难。我记得很多

　　○　英国歌手。——译者注

年前，有人邀请我参加一个聚会，我实在不想参加，一个朋友当时对我说"你总是可以说'不'的"，我当时就被他这句话震惊了。我真的从未想到说"不"也是一种选择。似乎很多人都没有意识到自己还有这一选择。试着说"不"吧，你会感到非常有趣！

学会如何说"不"

如果有人让你做某件你不想做的事，你要诚实地面对自己和对方。你可以向对方解释你为何无法满怀热情地说"好"。

> **实用参考**
>
> "我必须承认，现在我觉得自己累坏了。下周我自己要交一份报告，现在还在帮史蒂文完成他下周末要交的报告。我真是没有时间干别的事情了。"

有时候说"不"最好的方式就是让别人做出选择。如果你的老板让你接下一项新任务，你可以向老板解释，你可以接下这个项目，但是这样你就没有时间去做别的项目了，问他希望你先做哪个项目。这种做法也同样适用于家庭情境。

实用参考

"亲爱的，我当然可以帮你写那封信，但这样今晚我就没有时间准备晚饭了。你能去做晚饭吗？这样我就可以写信了。"

如实相告意味着你并非犯懒或想逃避责任。相反，你所传达的信息是你的安排已经满了。

问问自己让你做某件事的人是否尊重你，如果不是，你就不必觉得自己非要答应不可。他们可能需要了解，在一段关系中付出和索取是对等的。在工作环境中，他们需要学会尊重同事。如果他们不尊重你，而你仍然去做他们交代的事，这可能就并不是在帮助他们。

学会走开

任何人都没有理由辱骂你或者嘲笑你。那些做法完全不可接受，你不应该忍受。如果你在工作中发现有这种情况出现，你应该向管理层投诉。如果问题出在老板身上，当他这样做的时候你就走开。礼貌地请他不要这样跟你讲话，如果不管用，你可能需要辞职了。如果你要辞职，可以考虑征求法律意见，来看看你是否有权获得赔偿。

优先级

你要知道，你之所以会成为一个受气包是因为你这个人太好了，你想帮助所有人。但你必须坦诚地面对自己，意识到你做不到所有事。你无须因为说"不"而深感内疚。你可能有许多任务要完成，你无法满足所有人。试着用积极的态度来看待说"不"这件事。例如："我说了'不'，这样我就有时间和孩子们待在一起了。"如果说"不"意味着工作无法完成，那么这是公司的问题，不是你的问题。

有时候受气包会觉得，为了做自己喜欢做的事而拒绝帮助他人是自私的。帮助别人的确很有意义，但请记住如果你受到压迫、感到沮丧和疲惫，你就无法再去帮助别人。每个人都需要有自己的空间，算是为了给自己充电，这样就有精力再去帮助别人了。

区分人们想要的和人们的实际需求是非常重要的。有人可能**想要**你去做某事，可能并不意味着他们**需要**完成这件事。作为一个好人，你可能很想尽你所能去满足他们的需求，但别把这件事与"给他们想要的"混为一谈。一个人可能想要一顿精美大餐，但他们所需要的只是食物而已。你的老板想要你每天工作 12 小时，但公司需要的只是每天工作 8 小时的员工。

回避的优点和缺点

回避的诱惑在于，你可以避免遇到你认为有威胁的人或情境。有时候这是合理的，有时则不然。在你的生活中，有没有一些领域你觉得自己是更能掌控的，而在其他领域你总是像个受气包？仔细想想为什么会这样。

当你有多余的精力时，为什么不主动去做一些额外的事情呢？这样会给人留下好印象，你也能更容易说"不"。当你提供额外帮助时，你也可以选择你喜欢做的工作。

最近的一项调查表明，和老板大吵一架可能会对你的心脏很有好处。不喜欢抱怨自己得到了不公平待遇的男性患心脏疾病的概率会加倍。这项研究存在自己的问题，但它的确揭示了长期掩藏沮丧情绪的危险。如果你认为自己在工作中受到了不公平的对待，最好要做出一些行动。

保护你自己

当受气包的另一个风险是，他们往往会对那些对他们无礼的人特别友好，似乎是在希望通过格外的友善和提供帮助来赢得这个讨厌的人的好感。在人际关系中，这是一种特别具有破坏性的行为，一个人尽其所能来对另外一个人表示友好，确保对方开心。讽刺的是，有时候似乎受气包越是友好，对方越是不开心，这会让受气包更加不顾一切地去讨好对方。

这是一个恶性循环。友谊、伴侣关系和婚姻应该建立在平等和公平的基础上。如果你的种种关系并非如此，就要做出改变。你的观点和需求应该和别人的同等重要。

如果你觉得在一段感情中不再有选择的余地，或者在工作中你觉得失去了说"不"的能力，那么你必须行动起来。

更广泛的问题

如果你认为自己是个受气包，那么值得思考一下自己为什么会这样。你渴望取悦别人吗？你是否一直很看重别人对自己的看法，而自我评价不高？你喜欢被看作一个乐于助人的"好人"吗？请记住，你如何看待自己，别人就会如何看待你。如果你认为自己软弱无能，别人可能也会这样看你。相反，如果你认为自己坚强而独立，别人也会尊重你，而不会"利用"你。选择那些让你自我感觉良好、让你自信的人做朋友。

> **正确示范**
>
> 朱："波比，你今晚能多待一会儿，把这个项目完成吗？"
>
> 波比："朱，对不起。恐怕我得下班了，不过我可以明早一上班就完成这个项目。"
>
> 朱："哦，波比，谢谢你这样说，但如果你今晚就能完成，将特别有帮助。"

波比："谢谢，但请不要介意我说公司似乎并不感激我，公司不会给我加班费的。"

朱："啊，的确是这样，但如果你能留下来完成这个项目就太好了。你没办法再多待一会儿吗？"

波比："恐怕不行。就像我刚才说的，我很乐意明天一早优先做你说的这件事。今天我已经有了无法改期的安排。"

朱："好吧，我们来看看怎么协调一下。明天见。"

总结

如果你是一个受气包，不要过于否定自己，这反映了你是一个好人的事实。然而从长远来看，这的确对你自己和朋友来说没什么好处。你需要优先考虑你可以帮助的人，并确保他们不会过分利用你。你要开始说"不"，本章有很多建议可以帮你做到这一点。

实践

当你感到招架不住时，要诚实应对。不要觉得你一定要答应别人的所有请求。确保你有自己的时间，这样你才能更好地帮助别人。

第 19 章

如何当好赢家

　　"好吧，你说的话完全正确，我现在能意识到我错得有多离谱了。"对于一些辩论者来说，能听到对手说出这句话，就像是实现了自己的梦想。他们可能认为辩论的目的就是完全打败对手，让对方低声下气地称赞他们的才华。然而这很不现实，也不可取。我们曾在据理力争的黄金法则十中讨论过如何优雅地输掉辩论，并保持积极。本章我们来聊聊如何当好一个赢家，这也很重要。

错误举例

薇薇安："看完所有的证据，你会发现我是对的。"

汤姆："嗯，我明白你的意思。"

薇薇安："得了吧，汤姆，你现在必须接受我是对的。"

汤姆："嗯，是这样。"

薇薇安："我想听到你说'薇薇安，你是对的'。"

汤姆："薇薇安，你永远都是对的。"

薇薇安："认真点，汤姆，你现在必须知道我是对的。"

汤姆："好好好，'薇薇安，你是对的'。"

还记得据理力争的黄金法则十吗：维系关系永远比争出对错更为重要。你可以赢得一场辩论，而输掉一场战争。如果与你辩论的人最后感觉受到羞辱或是很尴尬，他就不太可能再想与你交往或是合作。要求对方低声下气地道歉很难成为一个合理的要求。

给台阶下

如果你很明显地在一场辩论中赢得了胜利，这时最好给对方一个台阶下。不要强迫他们同意你的观点。

> **实用参考**
>
> "我真的很享受这样的讨论。如果你愿意，我可以发给你我刚刚谈论的那篇文章，这样你就能自己读一读了。"
>
> "这真是个难题，我经常日夜思考它，但也许我们都能同意……"

达成共识

试着以你们所达成的共识来结束辩论。事实可能是，对方已经同意了你的观点，或者已经接受了你的条件，达成共识使你们在情感上有了联结。如果把达成共识看作双方共同努力的结果，对方可能感到这场辩论更有人情味儿。

> **实用参考**
>
> "很高兴我们在这个问题上达成了一致。"
>
> "我们今天共同做出的这个决定非常有用。谢谢你抽出时间来和我讨论这件事。"

让输家参与进来

如果在家中或是在工作场合中，你与他人在某件事上发生了分歧，试着用积极的方式让"输家"参与进来。

> **实用参考**
>
> "露西，我们已经决定要去奥尔顿塔了，我知道这不是你的第一选择，但在回家途中你可以选择我们在哪儿吃晚饭，你觉得呢？"
>
> "汤姆，我知道这个方案并非你所期待的，但你能负责监督其中营销方面的工作吗？"

不要对输家逞威风

在辩论中赢得胜利时，人们很容易想向"输家"逞威风，但这并没有什么好处。吹嘘自己有多聪明而对方有多愚蠢可能让你在当下感觉良好，但很快你就会觉得异常空虚！

"我就知道我是对的，而你错了！"

"我们能按我的方式来真是太令人开心了，这样好多了。"

避免一边倒的胜利

在某些情况下，一方的辩论可能会异常出色。特别是在商业合作中，以一个完全有利于你方的解决方案来结束一场争议可能并不明智。如果这次合作使对方完全处于不利的地位，他们就不太可能愿意再次与你合作了。在亲密关系中也是这样，如果你在和伴侣讨论如何分配家务的问题，结果是对方承担所有家务而你什么都不干，你之后一定会后悔的。在辩论结束时，双方所达成的共识需要让双方都觉得合理，双方都应该从中获益。

总之，要体面地赢得一场辩论。本书已经教了你许多赢得辩论的技能，现在就看你要如何以体面而正直的方式来做这件事了。然而请记住，在进行所有辩论时都要考虑情境因素。挑选那些有价值的话题来辩论，避开其他的争论。在赢得辩论和失去友谊之间做好平衡。享受健康的辩论，避免破坏性的争辩。保持幽默感。积极地进行辩论。如果使用得当，这些都是极为有用的工具。

正确示范

薇薇安："汤姆，这次讨论对我们非常有益。你现在能够支持我的提议了吗？"

汤姆："嗯，我现在觉得你的提议有很多优点。"

薇薇安："我知道这不是一个简单的问题。你所提出的所有顾虑都是有道理的。我只是认为这项提议的潜在收益高于风险。"

汤姆："我想我现在可以支持你的提议了。"

薇薇安："太好了。事实上，我想知道你是否愿意成为监督委员会的成员？"

总结

赢得漂亮些。在胜利的时候要大方一些，试着和辩论对手继续共同前进。强调对方为此次讨论带来的积极影响。如果你赢得了一场辩论，要确保对方在讨论结束时不会心怀愤懑、情绪低落或是感到屈辱。

实践

如果你赢得了一场辩论，要迅速地鼓励对方，使其重拾信心。不要吹嘘你的胜利，你还可以邀请他加入你的项目。

CHAPTER 20

第 20 章

总结与回顾

现在你已掌握了很多赢得胜利的技巧。让我们来回顾一下据理力争的十条黄金法则。

1. **黄金法则一：为辩论做好准备**。确保你清晰地知道自己的辩论要点。对你用来说服对手的事实论据做好调查和研究。

2. **黄金法则二：何时辩论，何时走开**。在你展开辩论之前，要再三思考：现在是适合辩论的时机吗？眼下是合适的辩论情境吗？

3. **黄金法则三：你要说什么，你要如何说**。在辩论的传达方式上多下功夫。你的肢体语言、遣词造句以及讲话的方式都会影响到别人如何理解你的观点。

4. **黄金法则四：倾听，再倾听**。仔细倾听别人所说的话，观察他们的肢体语言，听懂他们的弦外之音。

5. **黄金法则五：善于应对**。仔细思考对方想听何种辩论。他们是否存在一些先入为主的观点？怎样的辩论对他们来说最有说服力？

6. **黄金法则六：小心中计。**辩论并不总会像刚开始时那般顺利。留意对方对统计数据的使用，对一些对方试图分散你注意力的手段保持警惕，比如人身攻击、转移注意力等。注意隐藏的问题和伪造的选择。

7. **黄金法则七：公共演讲。**让你的观点简洁而明晰。在公共演讲中最好做到简明扼要，放慢语速。

8. **黄金法则八：书面论证。**内容清晰比堆砌辞藻更为重要。写出短小精悍的句子，能够切中要点、通俗易懂。

9. **黄金法则九：化解僵局。**要创造性地找到方法来化解辩论中的僵局。可以从另一个角度来看待这个问题吗？有没有可以给对方施压的方法，让对方同意你的观点？有可能达成一致吗？

10. **黄金法则十：维系关系。**这绝对是关键。你想从这场辩论中获得什么？羞辱、激怒你的对手，或是使他难堪，这些在当时可能会让你感觉良好，但日后你会用无数个孤单的夜晚来反思你犯下的这个错误。让你们最终达成的共识对双方都有益，这样你们未来还能一起讨论问题！

Think **different.**
Be different.

乔纳森·赫林（Jonathan Herring）　　　　　　　　|作 者 简 介|

英国著名律师、牛津大学法学系讲师。

戴思琪　　　　　　　　　　　　　　　　　　　　|译 者 简 介|

心理学译者，英国伯明翰大学心理学硕士，主要研
究方向为认知心理学、跨文化研究。

特约策划：陈兴军　　　　　design：奇文雲海 Chival IDEA